UTE OCHSENBAUER
BEATE SCHMIDTLEIN

Fohlen & Jungpferde

HALTEN
ERZIEHEN
FÖRDERN

MIT KOSMOS MEHR ENTDECKEN
EXTRA
Sanftes Absetz- programm
SEIT 1822

KOSMOS

Aus organisatorischen Gründen sind alle extra für dieses Buch aufgenommenen Fotos bei einem Fototermin im Sommer entstanden – auch die für die Winterkapitel. Bitte lassen Sie sich hiervon nicht irritieren!

Vom Naturkind zum Reitpartner

Fohlen sind ein hundertprozentiges Naturprodukt. Erst im Laufe der ersten Monate und Jahre ihres Lebens werden sie vom Menschen erzogen und auf diese Weise zum Kulturgut veredelt. Ihre vertrauensvolle Neugierde, ihre Freundlichkeit und Lernbereitschaft, ihr natürlicher Schwung und Vorwärtsdrang und alle anderen positiven Eigenschaften wollen wir dabei erhalten.

Unsere Aufgabe als Menschen ist es, ihnen dabei zu helfen, vom instinktgeprägten Naturkind nach und nach zum Spezialisten für unsere Reit- und Fahrkultur zu werden. Von unseren Pferden erwarten wir, dass sie kooperativ und leistungsbereit mit uns arbeiten. Dies erreichen wir ganz bestimmt, wenn wir von unseren Pferden lernen, präsent zu sein und uns eine Sprache bewusst zu machen, die wir unbewusst längst sprechen: die Körpersprache. Alle Fähigkeiten, die wir im Laufe der Zivilisierung unseres Naturkindes bei uns oder unserem vierbeinigen Partner entwickeln, können wir ein Pferdeleben lang im Umgang miteinander oder beim Reiten sehr gut gebrauchen. Gehen wir also besonders umsichtig, geduldig und nachhaltig vor! Und auch wir können uns weiterentwickeln und unseren Pferdeverstand, unsere Lernfähigkeit, Fairness und Fitness vergrößern. Unser Buch soll dabei helfen. Gemeinsam fällt das Lernen den Jährlingen leichter!

Gemeinsam fällt den Jährlingen das Lernen leichter.

Das Saugfohlen bis zum Absetzen

Bevor Sie züchten

Alter:
0 bis etwa 8 Monate

Soll ich mit meiner Stute züchten? Wie ziehe ich mein Fohlen auf? Was muss es schon als Neugeborenes, als Ein- oder Zweijähriges lernen, um später ein freundliches und leichtrittiges Reitpferd zu werden, das seinem Menschen vertraut? Diese Fragen beschäftigen viele Stutenbesitzer.

Und auch Pferdefreunde, die vom eigenen Pferd träumen, fragen sich, ob sie nicht ein Fohlen anschaffen sollten, statt eines bereits erwachsenen Tieres. Wer ein Fohlen selbst züchtet, muss bereit sein, das anzunehmen, was die Natur ihm schenkt. Dies kann vom Siegerhengst bis zum späteren Verlasspferd im Gelände, vom perfekten bis zum kranken oder gar toten Tier alles sein. Auch beim Absatzfohlen lassen sich Größe, Charakter oder spätere Rittigkeit nur erahnen. Kauft man dagegen ein älteres Pferd, lassen sich relativ genaue Aussagen über Charakter und Gesundheit treffen.

Über die Erziehung und Ausbildung, die ein junges Pferd bekommen soll, herrscht aus Unerfahrenheit und Unkenntnis oft eine gewisse Unsicherheit. Wir haben von Absetzern gehört, die bereits Seitengänge lernten, von jungen Saugfohlen, mit denen planmäßig trainiert wurde, stundenlang von ihren Müttern getrennt zu bleiben, von Jährlingen, die schon mit Sattel longiert wurden.

Zu frühes Training schädigt den unausgereiften Körper und die Psyche des jungen Tieres schwer und nachhaltig. Pferde lernen am besten in einer Atmosphäre, in der sie sich sicher fühlen. Ist ihr Stresslevel zu hoch, können sie traumatisiert werden. (Mehr über optimales Lernen und Stress auf S. 40, 67, 70 und ab S. 104)

Auf der anderen Seite kennen wir viele Fohlen, die zwar artgerecht in der Herde aufwachsen, aber so gut wie keinen Kontakt zum Menschen haben. Bei Tierarztterminen, bei Besuchen des Schmiedes, beim Wechseln der Weide oder bei der Versorgung von Wunden reagieren solche Tiere meist ängstlich und abwehrend. Mit Zwang (Festhalten, Anbinden, Nasenbremse), Druck oder sogar Gewalt sorgen die Menschen dann dafür, dass Tierarzt oder Schmied ihre Arbeit machen können, dass die Weide gewechselt oder die Wunde versorgt werden kann. Das junge Tier lernt dabei, den Menschen mit Angst zu verbinden. Bis es in seinem späteren Leben das tiefe Vertrauen fasst, das wir uns von unseren Pferden wünschen, wird einige Zeit vergehen.

Viele schwierige Verhaltensweisen von erwachsenen Pferden haben ihren Ursprung in einer pferdeunfreundlichen, fachlich falschen, nicht artgerechten Aufzucht, Haltung oder Ausbildung. Unerfahrenheit oder Unwissen führen oft zu folgeschweren Missverständnissen und Ungerechtigkeiten.

Daher freuen wir uns, mit unserem Buch zu mehr Verständnis zwischen Mensch und Jungpferd beitragen zu können. Wir möchten Sie darin unterstützen, eine solide, vertrauensvolle Beziehung zu Ihrem Jungpferd aufzubauen und es altersgerecht zu erziehen. Sie beugen späteren Problemen vor, indem Sie eine gute Balance zwischen Zurückhaltung und Präsenz finden.

Wir hoffen, dass wir viele Ihrer Fragen ganz praxisnah beantworten und Sie zusätzlich mit vielen Informationen versorgen können.

Von der Tante beschützt fühlt sich Rhapsody sicher!

Innerhalb der Herde wird das Behüten der Fohlen oft unter befreundeten oder verwandten Stuten aufgeteilt – hier Kosmotess mit Rhapsody.

Tiefes Vertrauen von Anfang an

Um halb sieben betrete ich unseren Stall, um unserer kleinen Herde ihr erstes Heu vorzulegen. Es ist ein Offenstall, in dem die Boxentüren beim Füttern verschlossen werden, so dass auch rangniedrige Tiere in Ruhe fressen können. Meist bietet sich mir morgens der gleiche Anblick. Alle Tiere liegen in den zu diesem Zeitpunkt noch offenen Boxen.

Der Haflinger springt sofort auf und wird erst im Stehen wirklich wach, das New Forest Pony bleibt noch einen Moment liegen, bevor es aufsteht und der Halbblüter schaut mich seelenvoll an und schläft weiter. Er bleibt auch liegen, wenn ich sein Heu direkt vor ihn lege. Ich kann mich zu ihm oder sogar auf ihn setzen und ihn streicheln, wenn wir beide das möchten.

Alle drei Tiere wuchsen in einer Junghengstherde auf. Unser Haflinger hatte nur dann Kontakt zum Menschen, wenn Weidewechsel, Schmied, Tierarzt oder Kastration nötig waren. Unser New Forest hatte etwas engeren Kontakt zum Menschen. Unser Halbblüter hatte regelmäßigen Kontakt zum Menschen. Bis er ein Jahr alt war, lebte er bei Beate Schmidtlein, danach zog er zu uns. Sein grundsätzliches Vertrauen zum Menschen ist ebenso tief in ihm verankert, wie das grundsätzliche Misstrauen unseres Haflingers, der Menschen als Wesen kennen gelernt hat, die nur bei bestimmten Anlässen Kontakt zu ihm aufnehmen und ihre Pläne dann in jedem Fall durchziehen.

Wünschen wir uns nicht alle Pferde, die uns so sehr vertrauen, dass sie in unserer Nähe liegen bleiben? Ein Weg des Vertrauens, schon vom ersten Tag an.

Überlegungen vor dem Züchten oder dem Fohlenkauf

- Kann man optimale Bedingungen für die trächtige Stute schaffen?
- Lebt sie in einer harmonischen Herde, hat sie täglich viele Stunden freie Bewegung?
- Ist die Stute gesund?
- Ist der ausgewählte Hengst gesund? (Evtl. Erkundigung beim Zuchtverband, ob er frei von bekannten Erbkrankheiten wie WFFS-Warmblood Fragile Foal Syndrom oder CA-Cerebrale Abiotrophie ist.)
- Hat man die finanziellen Mittel für medizinische Versorgung von Stute oder Fohlen, falls etwas schief geht?
- Hat man die finanziellen Mittel für ein zweites Pferd?
- Kann die Stute nach dem Abfohlen in gewohnter Umgebung bleiben?
- Wo sonst könnte sie ihr Fohlen aufziehen?
- Hat das Fohlen gleichaltrige Spielkameraden?
- Wohin kann das Fohlen nach dem Absetzen, um artgerecht aufzuwachsen? Dies ist für Stut- und Hengstfohlen getrennt zu überlegen, denn ein Hengstfohlen kann nur begrenzt mit Stuten laufen.

Haben Sie auf all diese Fragen Antworten gefunden, die Sie dazu bewogen haben, mit Ihrer Stute zu züchten oder sich ein Fohlen zu kaufen, so wünschen wir Ihnen und Ihrer Stute eine glückliche Hand bei der Auswahl des Vatertieres und eine problemlose Trächtigkeit.

In der harmonischen Stutenherde fühlt sich die tragende Stute geborgen.

Die letzte Phase der Trächtigkeit

Die Trächtigkeit dauert im Durchschnitt etwa 11 Monate (332 bis 335 Tage). Tragzeiten von 310 bis 365 Tagen sind jedoch möglich. Die Dauer wird beeinflusst durch die Rasse, die Jahreszeit der Bedeckung und des Abfohltermins, Lichtverhältnisse, Klima, Futterangebot. Auch Allgemeinzustand, Krankheit, starker Stress oder Verkauf während der Trächtigkeit, Umgewöhnung an eine andere Umgebung, Verlust von Freunden und das Klima spielen für die Dauer und den Trächtigkeitsverlauf eine Rolle.

Die hochtragende Stute

Im späten Stadium der Trächtigkeit beginnt man den meisten Stuten anzusehen, dass sie ein Fohlen tragen. Viele Stuten werden direkt mit der Trächtigkeit ruhiger und ihr Gesichtsausdruck verändert sich. Manchmal kann man schon allein durch den veränderten Gesichtsausdruck eine Trächtigkeit erkennen, bevor der Tierarzt diese bestätigt hat. Im Vergleich zu Hengsten sind Stuten von Natur aus rechteckiger gebaut. Langen Stuten sieht man die Trächtigkeit selbst als erfahrener Züchter oft erst spät an. Kürzere Stuten dagegen sehen schon früher deutlich rund aus.

Auch wenn viele Pferdefreunde Geschichten von Stuten erlebt oder gehört haben, die am Morgen nach einer Prüfung, nach einem Rennen

Bis zum achten Monat wächst das Fohlen nur wenig. Danach wird es eng!

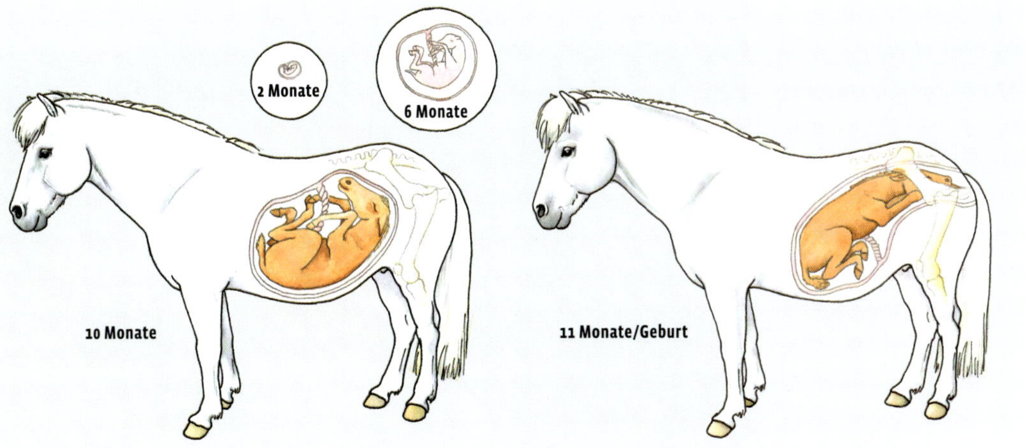

oder einem besonders anstrengenden Ritt überraschend ein Fohlen bekamen – pferdefreundlicher und sicherer ist es, seine Stute in dieser Phase zu schonen.
In früheren Zeiten, als Pferde noch unverzichtbar in der Landwirtschaft waren, haben die Stuten bis zum Abfohlen mitgearbeitet. Je mehr Bewegung die Stute hat, umso leichter fällt ihr dann die Geburt. Ruhige Ausritte sind in jeder Phase der Trächtigkeit empfehlenswert.

Anstrengende Ritte, Hochleistungen, das Überwinden von Sprüngen, das Reiten enger Wendungen, Turnieratmosphäre und der damit verbundene Reisestress könnte belastend für die trächtige Stute sein und schlimmstenfalls sogar dazu führen, dass sie ihr Fohlen verliert.

Auch durch Stürze, Schläge und Tritte kann es zum Verfohlen kommen, ebenso durch schlechte Haltung, schlechtes Futter oder übermäßige Verwurmung. Herpesviren können das sogenannte seuchenhafte Verfohlen auslösen. Hier kann man durch entsprechende Impfungen der Stuten vorbeugen. Diese Impfung ist umstritten und wirkt nur, wenn der gesamte Pferdebestand eines Stalles geimpft wird.

Manchen Stutengesichtern, so wie dem von Romy, sieht ein vertrauter Mensch die Trächtigkeit sofort an.

Die Bedürfnisse der trächtigen Stute

Pferde fühlen sich am wohlsten, wenn ihre Herde und ihr Tagesablauf sich nicht allzu sehr ändern. Ungewohnte Fütterungszeiten, Boxen- oder Weidewechsel können sie bereits nervös machen. Die Sicherheit, die gerade Stuten in einer stabilen Herde erfahren, kann man gar nicht hoch genug einschätzen. Hochtragend sollten sie ihre Herde und damit auch den Stall möglichst nicht wechseln müssen.

Alle Vorausberechnungen des Geburtstages sind nur Anhaltspunkte. Daher muss man seine Stuten genau beobachten, gesund halten und ihnen Licht, frische Luft und tägliche freie Bewegung am besten auf der Weide verschaffen. Unsere Stuten fohlen ab, wenn das Gras zu wachsen beginnt und ihnen viele kraftvolle Nährstoffe bietet. Die Nächte beginnen ab Mitte April schon milder zu werden. Trotzdem holen wir die Stuten in der späten Trächtigkeit über Nacht in den Stall. So können wir sie nachts beobachten, um bei eventuellen Schwierigkeiten sofort zur Stelle zu sein. Manche Stute hat auf unsere Beobachtung allerdings keinen Wert gelegt und es so eingerichtet, dass sie mittags auf der Weide abfohlte!

Wenn es im Bauch kneift – Fürsorge für die Stute

Das Hauptwachstum des Embryos fällt in das letzte Drittel der Trächtigkeit. Er scheint sich in dieser Zeit stark zu drehen und seine Lage zu verändern. Während dieser Tage fühlen sich manche Stuten etwas unwohl. Das äußert sich auch im Fressverhalten. Manche Stuten zeigen in den letzten Wochen der Trächtigkeit bestimmte Vorlieben oder Abneigungen. Futtermittel, die sie sonst gerne fressen, werden plötzlich abgelehnt. Wir z. B. füttern ein Hafer/Gerste/Mineral-Gemisch als Kraftfutter. Eine unserer Stuten wollte von einem Tag auf den anderen nur noch Gerste, der Hafer hat ihr nicht mehr geschmeckt. Eine andere Stute wollte nur noch Hafer und lehnte die Gerste ab. Wir gehen auf solche geschmacklichen Vorlieben ein, um den Nährstoffbedarf der Stute zu decken und weil wir unsere Stuten mögen.

Manche Stuten zeigen in dieser Phase auch kolikartige Symptome. Auch wenn wir davon ausgehen, dass die Ursache der Bauchschmerzen wahrscheinlich das Fohlen ist, das zum Beispiel auf den Darm der Stute drückt, benachrichtigen wir in solchen Fällen immer den Tierarzt.

Die Trächtigkeit dieser hochtragenden Stute ist nicht zu übersehen.

Manche Stuten bekommen in dieser Zeit einen besorgniserregenden schleimig-blutigen Ausfluss, der nach einigen Tagen von selbst wieder verschwindet. Dies sollte tierärztlich abgeklärt und beobachtet werden. Auch das Trinkverhalten ändert sich bei den Stuten. Viele Stuten nehmen nicht mehr so gerne kaltes Wasser auf, da dadurch Fohlenbewegungen ausgelöst werden. Direkt nach dem Trinken, oder nachdem sich die Stuten auf der Weide bewegt haben, sind die Fohlenbewegungen der hochtragenden Stute deutlich sichtbar.

Die Fütterung und Entwurmung der hochtragenden Stute

Ab dem 8. Trächtigkeitsmonat steigt der Bedarf an Energie, Eiweiß sowie Calcium und Phosphor. Gutes Heu und Heulage sowie Ergänzungsfutter für Zuchtstuten decken den Bedarf. Auf beste Futterqualität ist zu achten. Verdauungsfördernde Mittel wie Mash, Melasse und Leinsaat fördern die Darmtätigkeit.

Mash-Rezept (für Warmblüter)

- 1 kg Hafer gequetscht
- 1 Becher Leinsaat ½ Stunde köcheln lassen oder
- 1 Becher aufbereitete Leinsaat mit ½ l heißem Wasser überbrühen
- 1 Becher Weizenkleie
- Umrühren und zugedeckt 1 Stunde ziehen lassen

Während der gesamten Trächtigkeit wird die Mutterstute, wie der gesamte andere Pferdebestand auch, regelmäßig mit trächtigkeitsgeeigneten Präparaten entwurmt. Die einschlägige Literatur empfiehlt außerdem ein Entwurmen ca. 2 Tage vor dem Abfohlen. Vor allem der Zwergfadenwurm wird über die Muttermilch, über das Ablecken von Wänden oder ungepflegte Einstreu durch das Fohlen aufgenommen. Eine Wurmkur kann aber immer Einfluss auf die Verdauung und das

Allgemeinwohl der hochtragenden Stute haben. Deshalb entwurmen wir erst am Tag des Abfohlens, wenn die Stute sich wieder von der Geburt erholt hat.

Hochtragende Stuten sollten kurz vor dem Abfohlen nicht zu belastend gefüttert werden. Die Futterrationen werden auf mehrere kleine Portionen verteilt und das Raufutter etwas reduziert gefüttert. Mineralisch müssen die Stuten auf jeden Fall gut versorgt werden. Aber auch da kommt es vor, dass eine Stute ein Mineralfutter ablehnt, das sie sonst immer gefressen hat. Da es viele Mineralfuttersorten gibt, findet sich in jedem Fall eines, das die Stute mag. Möhren sind gut verträgliche und gesunde Carotin- bzw. Vitamin-A-Lieferanten. Wir füttern nicht mehr als ein bis zwei Kilo pro Tag. Leichtverdauliches Mash kann alle zwei bis drei Tage gefüttert werden.

Direkt nach dem Abfohlen soll die Stute verhalten gefüttert werden. Sie benötigt nun vor allem genügend gutes Raufutter, um das Volumendefizit im Bauchraum auszugleichen. Wir geben täglich Mash und das Raufutter in vielen Rationen über den Tag verteilt. Manche Stuten haben durch die Kontraktion der Gebärmutter in den ersten Tagen und zur Fohlenrosse hin kolikartige Bauchschmerzen. Hier sollte der Tierarzt zügig ein krampflösendes Medikament oder Schmerzmittel spritzen. Bis der Tierarzt kommt oder auch vorbeugend, können Sie homöopathische Mittel verabreichen.

Homöopathie und Kräuter

Himbeerblättertee kann während der letzten zwei Trächtigkeitsmonate gefüttert werden. Geben Sie einen Teelöffel Tee trocken oder eine Tasse lauwarmen Tee mitsamt den Blättern übers Futter.

Ein wichtiges Mittel zur Wehenregulierung und Geburtserleichterung, bei erschöpfender Geburt, starken Nachwehen oder Verletzung der Geburtswege ist Caulophyllum C 30. Geben Sie drei Globuli 1 Mal tägl. ab ca. einer Woche vor dem errechneten Geburtstermin, bei Bedarf bis drei Tage nach der Geburt.

Ein Mittel, das die Heilung der Gebärmutter fördert und auch bei kolikartigen Nachwehen, leichten Nachblutungen oder Nachgeburtsverhalten hilft, ist Sabina C 30. Geben Sie nachgeburtlich zusätzlich zur tierärztlichen Behandlung zwei Mal täglich, im Akutfall viertelstündlich, drei Globuli bis Besserung eintritt.

Bei Spaceness hat sich der Bauch bereits gesenkt. Die Geburt des Fohlens steht unmittelbar bevor.

Die Fohlengeburt

Die Zeit des Abfohlens ist für jeden Züchter die aufregendste Zeit im Jahr. Jede Fohlengeburt ist etwas Besonderes und wird mit Spannung erwartet. Jedes Fohlen ist ein einzigartiges Wunder.

Anzeichen für die nahende Geburt

Die Geburtsbereitschaft von Stute und Fohlen kündigt sich durch unterschiedliche äußere Veränderungen der Stute an. Der Bauch senkt sich, die breiten Beckenbänder erschlaffen etwas, das in den letzten Wochen stetig gewachsene Euter wird praller, die Schamlippen schwellen leicht an und im Liegen ist die Schamspalte bei manchen Stuten leicht geöffnet. Die Milchdrüse beginnt, Kolostralmilch zu produzieren, die sich als kleine gelbliche Tropfen (sogenannte Harztropfen) an den Zitzen zeigt. Im ungünstigsten Fall tritt schon Tage, manchmal sogar Wochen vor der Geburt, Kolostralmilch aus. Dabei geht ein Teil des lebenswichtigen Kolostrums verloren. Verliert die Stute die wertvolle Milch nur ein paar Tage lang, sind nach der Geburt noch genügend Gammaglobuline vorhanden, um das Fohlen zu schützen. Dauert dieses Tropfen oder sogar Herausspritzen der Kolostralmilch länger an, muss das Fohlen nach der Geburt zunächst Kolostrum mit der Flasche bekommen. Züchter sollten für diesen Fall immer tiefgekühltes Kolostrum einer anderen Stute vorrätig haben. Inzwischen gibt es auch künstlich hergestelltes Kolostrum in Pulverform. Besser ist es aber, Kolostrum von Stuten aus dem eigenen Stall zu geben, da es die Antikörper aus dem Hausstall enthält.

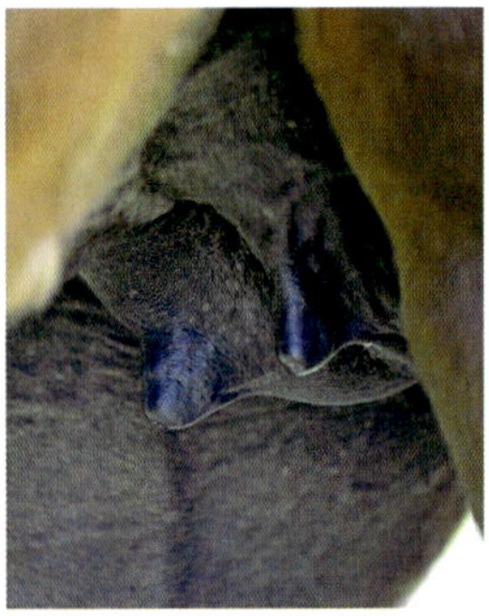

Häufig ist eine Euterhälfte größer, als die andere. Das ist kein Grund zur Sorge! Das Fohlen hat die linke Euterhälfte gerade leer getrunken. Die Zitze glänzt sogar noch.

Bei manchen Stuten ist das Euter schon sehr prall, die Zitzen jedoch noch nicht. Bei diesen Stuten sind auch keine Harztropfen zu sehen. Erst mit dem Geburtsvorgang schießt die Milch ein. Beim ersten Fohlen einer solchen Stute war ich ziemlich beängstigt und habe Rücksprache mit dem Tierarzt genommen.

Häufig wird empfohlen, ans Euter der hochtragenden Stute zu fassen, um die Stute an Berührungen zu gewöhnen. Davon raten wir ab. Zu leicht könnte es passieren, dass der Milchfluss angeregt wird und das kostbare Kolostrum verloren geht. Vor oder im frühen Stadium der Trächtigkeit dagegen ist es unbedenklich, das Euter zu berühren. (Mehr über Kolostrum auf S. 18 u. S. 26)

Was ist vor der Geburt zu tun

- Einstreu in der Box an den Wänden höher schichten
- Salzleckstein entfernen
- Notfallpaket mit Babyfläschchen, Sauger und Kolostrum in Pulverform im Haus bereit stellen
- Hebammenkiste packen
- Behälter zum Aufnehmen der Nachgeburt bereit stellen
- Ausreichend Stroh für saubere Einstreu nach der Geburt vor der Box deponieren
- Schnüre an die Box hängen zum Hochbinden der Nachgeburt

Hebammenkiste

Für die Zeit des Abfohlens bereite ich schon rechtzeitig vor dem Abfohltermin einen „Hebammenkoffer“ vor. Darin befindet sich eine Lösung zur Nabeldesinfektion, Einmalhandschuhe, ein Einmalklistier (beim Tierarzt besorgen), eine Taschen-/Stirnlampe und zwei Handtücher (siehe S. 23).

Die Hebammenkiste sollte schon frühzeitig gepackt sein!

Verlust von Kolostrum

Eine unserer Stuten verliert regelmäßig Kolostrum. Bei ihrem ersten Fohlen lief die Milch zwei Wochen, und es stand nicht mehr genug Kolostrum zur Verfügung. Das Fohlen bekam hohes Fieber, weil es nicht ausreichend geschützt war und wäre fast gestorben. Durch die Behandlung des Tierarztes und nachträgliche Gaben von künstlichem Kolostrum überlebte es glücklicherweise.

Im Jahr danach fohlte ihre Boxennachbarin sechs Wochen vor ihr ab. Dadurch kam offensichtlich ihr Hormonhaushalt durcheinander. Sie begann mit der Milchproduktion und verlor Unmengen an Kolostrum. Glücklicherweise stoppte der Milchfluss aber nach etwa zwei Wochen und als ihr eigenes Fohlen geboren wurde, stand genug Kolostrum zur Verfügung.

Auch die Mutter dieser Stute verlor vorzeitig Kolostrum. Diese Eigenschaft scheint also erblich zu sein. In jedem Fall sollte man eingefrorenes Kolostrum vorrätig haben, um das Fohlen zuverlässig erstversorgen zu können.

Nachtwache halten

Wenn der Zeitpunkt der Geburt naht, ist man als Züchteranfänger sehr nervös und möchte alles richtig machen. Als Fluchttiere haben Pferde die Fähigkeit, die Geburt um viele Stunden hinauszuzögern. Sie warten, bis sie sich sicher fühlen. Lärm, ungeschickte Helfer, nervöse Besitzer, unbekannte Hunde oder stürmische Wetterlagen bringen sie aus der Ruhe. Besonders für nervöse Stuten ist Ruhe aber die Voraussetzung für eine komplikationslose Geburt.

Die meisten Geburten fallen aus diesem Grund in die späten Abendstunden oder in die Nacht.

Kamera und Birth-Alarm

Bei Geburtskomplikationen muss man so schnell wie möglich helfen können – und dazu muss man die Stute beobachten. Heutzutage gibt es sehr gute und günstige drahtlose Überwachungskameras. Die Stuten können sich im Kreis ihrer Freundinnen ungestört auf den Geburtsvorgang konzentrieren. Die Menschen sehen ihnen dabei vom Bildschirm im Haus aus zu.

Früher haben mein Mann und ich abwechselnd jede halbe Stunde auf den Monitor geschaut. Und trotzdem haben wir manchmal erlebt, dass das Neugeborene unbeobachtet auf die Welt gekommen war. Da die Austreibungsphase im Idealfall höchstens 30 Minuten dauert, hatte die Stute dann zwischen zwei Beobachtungsphasen gefohlt. Inzwischen tragen die Stuten einen Birth-Alarm-Gurt mit Sender. Der Sender zeigt akustisch an, wenn die Stute sich flach hinlegt. Dadurch wird das Stadium der Austreibungswehen angezeigt. Am sichersten ist also die zweifache Geburtsüberwachung mit einer Kamera und einem Birth-Alarm. Beide Geräte kann man auch mieten!

Während der Wehen beginnen die Stuten unruhig zu werden und zu schwitzen. Sie scharren, legen sich auch schon mal hin, schlagen mit dem Schweif, stehen wieder auf. In den Wehenpausen gibt es auch ruhige Phasen, in denen die Stuten sogar wieder etwas fressen. Ihre Reaktion auf die Wehen ist in ihrer Intensität unterschiedlich. Solange die Fruchtblase nicht geplatzt ist, sind diese Pausen nicht nachteilig. Sie geben den Stuten die Möglichkeit, sich zu entspannen und einen guten Platz zum Gebären auszusuchen.

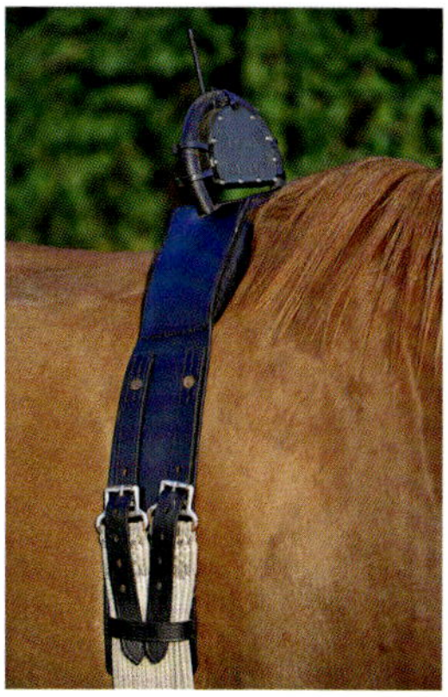

Mit einer Kamera und dem Birth-Alarm-Gurt kann die Stute vom Haus aus überwacht werden.

Parameter Fohlengeburt	
Eröffnungsphase	50 – 80 Minuten
Austreibungsphase	max. 30 Minuten
Nachgeburtsphase	ideal 30 Minuten
Dauer der Geburt	1,5 – 3 Stunden
Abgang der Nachgeburt	spät. 2 Stunden
Aufstehen des Fohlens	ca. 1 Std., max. 2 – 2,5 Stunden
Einsetzen des Saugreflexes	max. 20 Minuten
Erste Kolostrumaufnahme	am besten innerhalb der ersten 2 Stunden
Abgang Darmpech	je früher, desto besser, spätestens nach 12 Stunden
Harnabsatz	6 – 10 Stunden nach Geburt
Prägungsphase	bis 4 Tage
Herzfrequenz	direkt nach der Geburt: 70 Schläge pro Minute 1 Stunde später: 130 Schläge pro Minute Danach ca. 90 bis 100 Schläge pro Minute

Wir gehen erst in den Stall, wenn das Fohlen durch das Becken getreten ist, um zu kontrollieren, ob die Eihaut über den Nüstern gerissen ist. Ansonsten lassen wir die Stuten völlig in Ruhe.

Insgesamt dauert eine ideale und komplikationslose Geburt 1,5 bis 3 Stunden. In der Eröffnungsphase wird der Muttermund geöffnet und geweitet. Die Fruchtblase weitet die gesamten Geburtswege.

Platzen der Fruchtblase, Austreibungsphase

Beim Beobachten des Geburtsvorgangs ist das Platzen der Fruchtblase kaum zu übersehen und zu überhören. Es markiert den Übergang von der Eröffnungs- in die intensive Austreibungsphase. Die Stuten legen sich normalerweise flach in Seitenlage, pressen unter Stöhnen, strengen sich sehr an und strecken dabei die Beine gerade weg. Sie stehen aber zwischendurch auch immer mal wieder auf. In Seitenlage bestehen die günstigsten mechanischen Austreibungsmöglichkeiten. Immerhin muss die schwere Frucht, die bis etwa 1/15 des Gewichtes der Stute wiegt, von ihrer Lage an der tiefsten Stelle des Pferdeleibes bis zum Beckenausgang hinauf befördert werden.

Komplikationen

Obwohl wir große Boxen haben, ist es auch in unserem Stall schon passiert, dass sich eine erfahrene Zuchtstute so nah an die Boxenwand gelegt hat, dass das Fohlen keinen Platz hatte, ganz herausgepresst zu werden. Die Stute hatte sich während einer schmerzhaften Wehe das Strohlager so ungeschickt hingebuddelt, dass sie festlag. Die Beinchen des Fohlens waren bereits zu sehen.

Zusammen mit mehreren Helfern haben wir die Strohkuhle während des Geburtsvorgangs begradigt und die Stute behutsam mehr in die Boxenmitte bewegt. Die Stute stand schließlich auf und suchte sich eine optimalere Stelle für die Geburt ihres Fohlens. Auch in dieser bedrohlichen Lage ist es wichtig, dass alle Beteiligten ihre Nervosität unterdrücken, dass sie beruhigend mit der Stute reden, keine hektischen Bewegungen machen, sondern im Gegenteil Ruhe ausstrahlen. Ich glaube, dass unsere Stuten, die mit uns sehr vertraut sind, wissen, dass man ihnen behilflich ist.

Kostbare Momente der ersten Kontaktaufnahme.

Das Fohlen wurde vor der Geburt durch die ersten Gebärmutterkontraktionen in die optimale Geburtslage gedreht. Der Kopf liegt keilförmig auf den Vordergliedmaßen. Die Hufunterseite zeigt in Richtung Euter. Die Ränder der Hufe sind von der Natur mit einem weichen Flaum ausgestattet, ein Schutzmechanismus, der verhindert, dass der Geburtskanal verletzt wird. Oft sind die Beinchen etwas versetzt. In der Regel benötigen die Stuten keine Hilfe von außen. Hilfe durch Ziehen an den Beinchen soll unbedingt unterbleiben. Hilfe ist nur notwendig, wenn bei einer schwereren Geburt die Kraft der Stute nicht mehr zum Pressen ausreicht. Dann ist unbedingt darauf zu achten, dass die Hilfe im Gleichklang mit den Wehen erfolgt. Gezogen wird nur während einer Wehe und nur in Richtung des Euters, nicht des Schweifs. Am besten greift man die Beinchen mit einem Handtuch, um nicht so leicht abzurutschen.

Geburtskomplikationen bei Pferden sind eher selten. Treten Komplikationen auf, sind sie meist lebensbedrohlich für Stute und Fohlen. Rufen Sie schnellstens Ihren Tierarzt, wenn die Parameter für eine Normgeburt auf S. 19 nicht erfüllt sind.

Mögliche Komplikationen

- Falsche Geburtslage
- Unterbrechung der Geburt durch Störungen von außen
- Enger Geburtskanal
- Erstlingsstute, großes Fohlen
- geschwächte Stute

Nach der Geburt

Ist der umfangreiche Schulterbereich des Fohlens erst einmal durch das Becken gepresst, ist die Hauptarbeit schon geschehen. Die Eihaut ist ausgesprochen kompakt. Falls sie nicht von selbst aufreißt, muss man eingreifen! Sie muss aufgerissen und über den kleinen Nüstern entfernt werden, damit das Fohlen nicht erstickt.

Meist bleiben die Stuten nach der Geburt noch eine Zeit lang liegen, vor allem, wenn es nicht die erste Geburt ist, die sie als Mutterstute erleben. Maidenstuten fühlen vor Aufregung über das Neugeborene nicht so sehr, wie erschöpft sie eigentlich sind.

Das Fohlen ist noch über die Nabelschnur mit der Mutter verbunden und versorgt. Durchtrennen Sie die Nabelschnur auf keinen Fall, da das Fohlen noch einmal mit ein bis zwei Litern mütterlichem Blut versorgt wird, wenn die Mutterstute aufsteht und die Schnur von selbst reißt. Sollte Ihre Stute also etwas länger liegen bleiben, ist dies kein Grund zur Sorge. Für uns Menschen sind dies im Gegenteil Augenblicke, in denen wir einfach nur durchatmen und das Wunder des Lebens bestaunen können. Unsere Ruhe überträgt sich auf die Stute und ihr neugeborenes Fohlen. Sie ist in diesen Momenten das Wichtigste, das wir den beiden zu schenken haben.

Starlight ist direkt nach der Geburt noch ganz nass.

Was ist nach der Geburt zu tun?

- Eihaut aufreißen und Fohlennüstern frei machen
- Nabelstumpf mit Desinfektionslösung behandeln
- Hengstfohlen: Einlauf verabreichen (siehe S. 29)

Was ist zu beobachten?

- Kann das Fohlen aufstehen?
- Setzt es das Darmpech zügig ab? (siehe S. 28)
- Ist der Saugreflex vorhanden?
- Trinkt das Fohlen?
- Ist die Scheide der Stute eingerissen? Falls ja, Tierarzt informieren

Was ist in der Nachgeburtsphase zu tun?

- Nachgeburt hochbinden
- Nachgeburt in vorbereiteten Behälter geben und auf Vollständigkeit prüfen
- Nachgeburt im Zweifelsfall vom Tierarzt prüfen lassen
- Verläuft die Prägung normal?

Die ersten Stunden

Gesunde und vitale Fohlen wiehern oft schon gleich nach der Geburt. Bei diesem köstlichen Geräusch schlägt jedes Züchterherz höher! Mit einem bestimmten, leisen und sanften Blubbern beantwortet die Mutterstute den Ruf ihres Fohlens. Die Prägung zwischen den beiden beginnt. Auch alle anderen Mutterstuten im Stall oder auf der Weide antworten und begrüßen das Kleine. Das ist jedes Mal ein sehr rührender Vorgang.

Ist die Stute aufgestanden, reißt die Nabelschnur an einer Sollbruchstelle ab, die etwa 3 – 5 cm von der Bauchdecke des Fohlens entfernt liegt. Wir behandeln den Nabelstumpf sofort mit einer Desinfektionslösung und wiederholen diese Behandlung noch mehrmals.

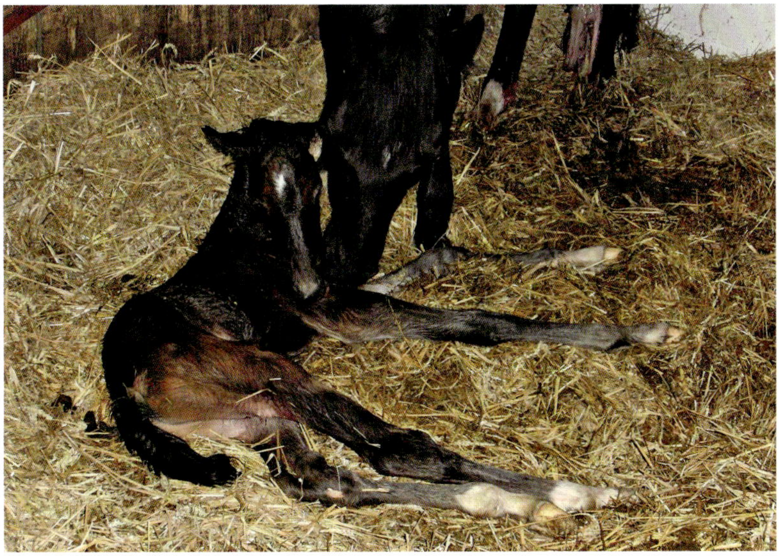

Intensives Belecken durch die Stute regt den Kreislauf an und ist ein wichtiger Teil der Prägephase. Die beeindruckend langen Beine des Fohlens sind hier schön zu sehen.

Die ersten Stehversuche sind noch recht wackelig. Das Gehirn speichert die Bewegungsabläufe und der Gleichgewichtssinn ist aktiv.

1

2

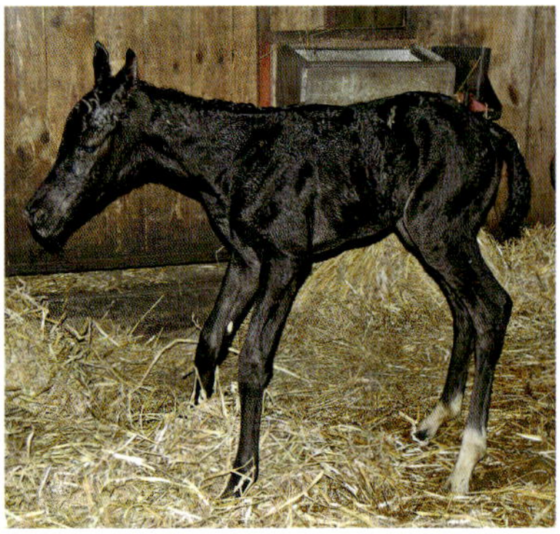

1

2

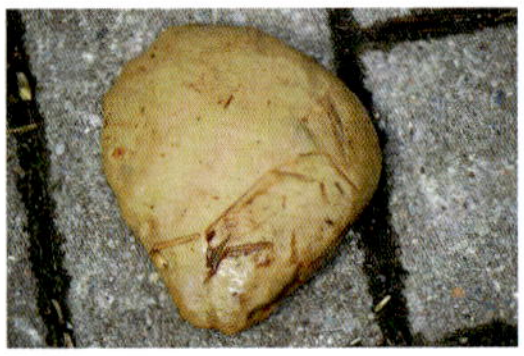

1 *Nachgeburt*

2 *Fohlenbrot*

Die Stute beschäftigt sich nun normalerweise sehr intensiv und mütterlich mit ihrem neuen Fohlen. Sie nimmt Kontakt mit den Nüstern auf, sie leckt es intensiv ab. Als ich meine erste Fohlengeburt erlebte, habe ich sogar befürchtet, dass die Stute ihrem Fohlen ein Ohr abknabbert. Auch Erstlingsstuten haben diese mütterlichen Gefühle. Im mütterlichen Organismus wird das Hormon Oxytocin ausgeschüttet, das u. a. auf die Milchbildung, das Einschießen der Milch ins Euter, das Gebären der Plazenta und die Stress- und Schmerzreduktion wirkt. Die Ausschüttung von Oxytocin wird durch angenehme und entspannte Berührungen gefördert. Und was könnte angenehmer sein, als sein kleines Kind zu berühren?

Der Weg zum Euter

Beim gesunden Fohlen ist der Saugreflex sofort vorhanden und erkennbar. Gesunde Fohlen saugen schon im Liegen mit aufgeschürzten Lippen frei in der Luft oder an jedem Gegenstand, der ihre Mäulchen berührt. Haken Sie somit im Geiste diesen Meilenstein einer glücklich verlaufenen Geburt ab.

Sowie die Fohlen einigermaßen stehen und gehen können, beginnen sie mit der Nahrungssuche. Im Grünen auf der Weide gelingt das Laufen am besten, aber auch in der Box wackeln die Kleinen mit ihren noch unkoordinierten Beinchen zielstrebig zur Mutter und stupsen und saugen an ihr herum. Genetisch bedingt suchen sie nach einer tischartigen Stelle und einem bestimmten Winkel, den Euter und Hinterbeine bilden. Leider finden sie diese innere Vorstellung vom Euter-Paradies auch zwischen den Vorderbeinen der Stute. Die Mutterstuten, vor allem die erfahreneren, stellen sich mit einer großen und unerschütterlichen Geduld immer wieder einladend zu dem Kleinen hin und heben sogar manchmal ihr Bein hoch. Kommt das Fohlen dann zufällig an die Zitzen, genügt schon die kleinste Berührung, um die Milch aus dem prallen Euter spritzen zu lassen. Geschafft! Nun kommt das Fohlen auf den Geschmack und verlässt diese herrliche Stelle ungern wieder.

Allerdings passiert es mitunter, dass sich das Fohlen wieder neu ausbalancieren muss, dass es hinfällt oder aus Versehen auf seinen langen Beinchen wegwackelt. Dann beginnt die Suche nach Tisch und Winkel von Neuem... Ist das Fohlen an der richtigen Stelle, rubbelt die Stute ihr Fohlen sanft an der Kruppe, zieht manchmal sogar einladend den Bauch hoch und spricht durch ganz bestimmte, leise Töne mit ihrem Kleinen.

Bei Erstlingsstuten ist diese Geduld nicht immer vorhanden. Sie sind manchmal nervös und ungeduldig, vor allem, wenn das Fohlen auch noch etwas ungeschickt ist. Sie laufen immer wieder weg, das Fohlen läuft auch weg, sucht in seiner Unsicherheit irgendwo anders an der Boxenwand und ein nervenaufreibender Kreislauf beginnt.

Trotzdem: Bewahren Sie die Ruhe und strahlen Sie Ruhe aus. Ihr kleiner Schützling lernt den Weg zum Euter nur dann sicher kennen, wenn er ihn allein gefunden hat. Stören Sie die Prägephase und den

Auch für die Stute war die Geburt sichtlich anstrengend.

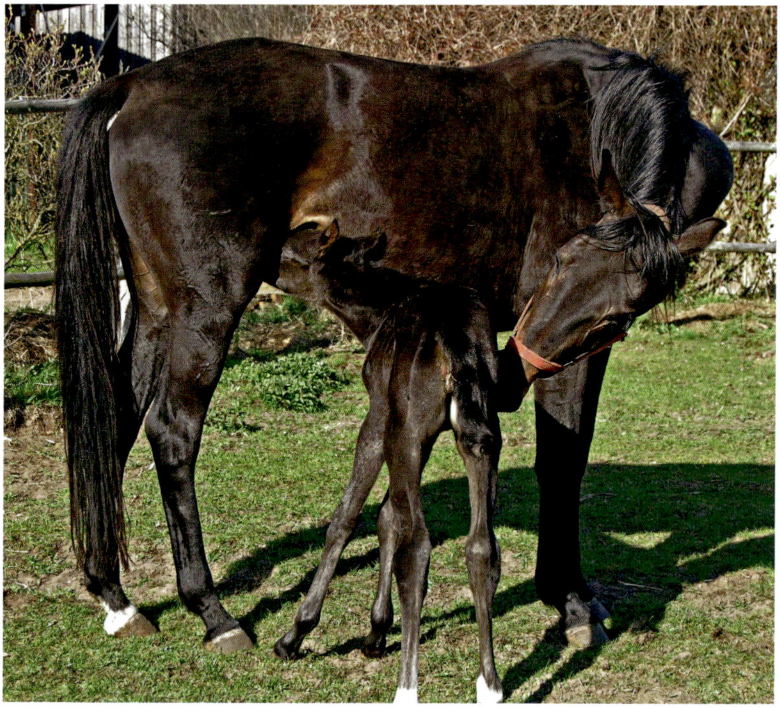

Wenige Stunden nach der Geburt sind Mutter und Fohlen zum ersten Mal auf dem Paddock. Die Stute untersucht ihr neugeborenes Fohlen interessiert. Dies sind besonders innige Momente.

Kennenlern-Prozess von Mutter und Kind nicht, indem Sie das Fohlen etwa an die richtige Stelle halten. Jede Hilfestellung bei gesunden Tieren verzögert die erste Nahrungsaufnahme! So schwer es vielleicht fällt: Halten Sie sich raus und beobachten Sie Mutter und Kind höchstens von der Stallgasse aus oder durch die Kamera.

Die ganze Phase der Nahrungssuche darf insgesamt bis zu drei Stunden dauern.

Kolostralmilch

Die ersten Tropfen der Muttermilch, getrunken in den ersten drei Lebensstunden des Fohlens, sind lebenswichtig. Sie wirken wie ein Schutzschild. Ohne sie kann ein Fohlen nicht überleben. Abwehrstoffe, sogenannte Gammaglobuline, gegen sämtliche krankheitsauslösende Faktoren, mit denen sich die Mutterstute erfolgreich auseinandergesetzt hat, sind in dieser Powermilch enthalten. Die Darmschleimhaut des Fohlens nimmt die relativ großen „Impfmoleküle“ aber nur 12 bis 24 Stunden lang auf. Noch bis zum 7. Tag enthält die Muttermilch

Trinken mit Hindernissen

Eine unserer Stuten, eine Erstlingsstute, war nach der Geburt verwirrt und ausgesprochen kitzlig. Jedes Mal, wenn ihr Stutfohlen ans Euter strebte, quietschte die Mutterstute und lief zur Seite. Stand das Fohlen an ihren Nüstern, beruhigte sie sich wieder. Das Fohlen war nach 10 Monaten und 2 Wochen geboren, also sehr früh. Drei Stunden lang blieb es unerschütterlich in seiner Suche und bezeugte damit große Lebenskraft, starken Charakter und eisernen Willen. So klein, zierlich und winzig es auch war, es legte sich in dieser Zeit nicht ein einziges Mal hin. Man kann dann leicht die Geduld mit der Mutterstute verlieren und die Versuchung, einzugreifen, ist bereits nach einer Viertelstunde eines solchen Prozesses groß.

Nach Rücksprache mit dem Tierarzt verabreichten wir der Mutterstute ein leichtes Sedativum und das Säugen klappte auf Anhieb. Um das vitale und beharrliche Fohlen zu stärken und ihm die erste natürliche Impfung zu verabreichen, fütterten wir die kleine Kämpferin aus der Flasche mit etwas Kolostrum, das wir einer Stute abgemolken hatten, die wenige Stunden zuvor gefohlt hatte. Nachdem die Kleine dann am Euter war, hat sie sich hingelegt und ausgeruht.

Diese kleine Stute ist nun 4½ Jahre alt und ihr starker Wille und ihr Kampfgeist sind legendär.

Druck duldet Early auch heute noch in keinster Weise. Sie erwartet Großzügigkeit und höfliche Manieren von ihrem Reiter. Dann gibt sie allerdings alles.

außerordentlich viele Abwehrstoffe. Und auch später enthält sie spezifische Antikörper, ist ideal auf die Lebensphasen und -bedingungen des Fohlens abgestimmt und ändert sich in ihrer Zusammensetzung je nach Bedarf. Kolostralmilch fördert auch den Abgang des Darmpechs. (siehe S. 26 u. S. 36)

Lebensschwache Fohlen

Ist das Neugeborene zu schwach oder zu krank, um selbst zu trinken, muss im Idealfall stündlich, mindestens jedoch zweistündig Kolostralmilch abgemolken und dem Fohlen verabreicht werden. Die Flaschenfütterung kann sich über Tage und Wochen hinziehen. Haben Sie dies noch nie gemacht, holen Sie sich am besten Unterstützung. Bei falschem Füttern kann zum Beispiel Milch in die Lunge geraten und dort eine Lungenentzündung auslösen.

Der Weg zum Euter

Das letzte Hengstfohlen einer unserer Stammstuten war sehr schwach. Er schaffte es einfach nicht, aufzustehen. Wir stellten ihn stündlich auf und brachten ihn zum Euter der erfahrenen Stute. Sie stand wie eine Eins, so dass er in Ruhe trinken konnte. Als ich nach drei Tagen wieder zu einer Fohlenmahlzeit in den Stall kam, stand der kleine Hengst und ich fragte herum, wer ihn aufgestellt hatte, aber diesmal hatte er es ganz allein geschafft und wir waren nicht mehr in der Pflicht!

Das Darmpech

Das gesunde Fohlen scheidet in den ersten Stunden nach der Geburt das sogenannte Darmpech aus. So wird der während der gesamten Trächtigkeit im Darm gesammelte „Müll“ bezeichnet. Darmpech ist ein schwarzer, beim Großpferd bis zu einem Meter langer Strang, der in kleine harte Stückchen unterteilt ist.

Vor allem, wenn ein Fohlen länger getragen wurde, wenn es länger dauert, bis das Fohlen das erste Kolostrum aufnimmt, bei lebensschwachen Fohlen oder bei Hengstfohlen besteht die Gefahr von Darmpechverhalten.

Hengstfohlen haben einen schmaleren Beckendurchgang, so dass sich Darmpech leichter anschoppen kann. Daher bekommen sie von uns nach der Geburt prophylaktisch ein bereitliegendes Einmalklistier. Auch Stutfohlen, die anhaltend pressen, bekommen ein Klistier.

Bei Darmpechverhalten haben die Fohlen kolikartige Schmerzen, wälzen sich und schlagen mit den Beinchen nach ihrem Bauch. Ihrem Schmerzgesicht sieht man an, dass sie sich mehr als unbehaglich fühlen. Der Schmerz in ihrem Bauch nimmt sie völlig in Anspruch. Je früher das Fohlen sein Darmpech ausscheidet, desto leichter kann es sich mit der Zitzensuche, dem Laufenlernen, der Prägung auf seine Mutter und der neuen Welt beschäftigen.

Darmpechverhalten muss man von einem Defekt unterscheiden, der das Absetzen des Urins auf dem normalen harnabführenden Wege verhindert. Bei diesem sog. Urachus-Defekt sammelt sich Urin im Bauchraum. Das Fohlen drängt wie beim Koten und zeigt genau wie beim Darmpechverhalten kolikartige Symptome. Daher ist es wichtig, darauf zu achten, dass das Fohlen in den ersten Lebensstunden sowohl Darmpech als auch Urin absetzt. Der Urin darf auf keinen Fall aus dem Nabel kommen!

Vorsicht!
Darmpechverhalten ist ein tödliches Risiko für Fohlen. Achten Sie daher unbedingt darauf, dass das Fohlen alles Darmpech innerhalb der ersten Lebensstunden absetzt. Wiederholtes Krümmen oder Drängen sprechen dafür, dass noch Darmpech im Darm verblieben ist und ihn verstopft.

Das Darmpech ist ein Strang schwarzglänzender Knödelchen. Hier ist es schon vom gelben Fohlenkot ummantelt.

Ein Klistier verabreichen

Das Klistier wird in einem Behälter mit warmem Wasser auf Körpertemperatur erwärmt. Man muss einen geübten Helfer haben, um das Klistier vorsichtig verabreichen zu können, da sonst die Darmwand des Fohlens perforiert werden kann. Wir verabreichen das Klistier zu zweit und meist, wenn das Fohlen liegt. Ich trage eine Stirnlampe, um das angewärmte Klistier behutsam einführen zu können. Als unerfahrene Züchter sollten Sie sich in jedem Fall fachliche Unterstützung holen!

Vorsicht: Beim Halten des Fohlens nicht den Schweif hochbiegen! Dies bereitet dem Fohlen Schmerzen und birgt die Gefahr von Wirbelsäulenverletzungen!

Die Nachgeburt

Bis spätestens zwei Stunden nach der Geburt sollte die Nachgeburt abgegangen sein. Die Eihäute hängen, nachdem die Stute aufgestanden ist, zwischen den Beinen der Stute. Binden Sie sie mit bereitliegenden Schnüren hoch, damit die Stute nicht genervt danach schlägt oder

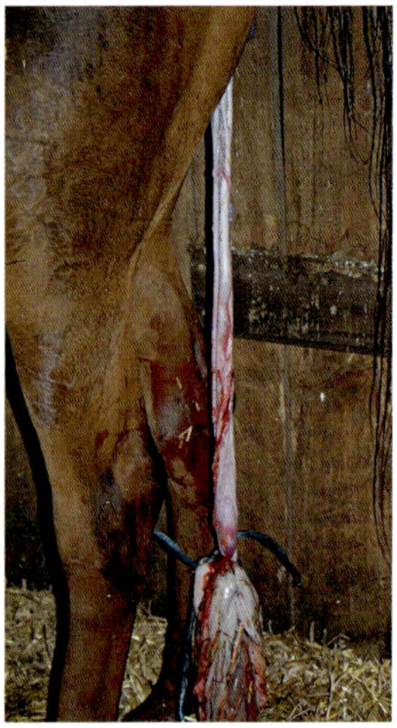

Das Gebären der Nachgeburt dauert eine Weile. Hier wurde die Nachgeburt hochgebunden, damit die Stute nicht darauf tritt und sie dabei abreißt.

darauf tritt. Die Stute legt sich in dieser Phase häufig hin, da sie Nachgeburtswehen bekommt. Dabei löst sich die Plazenta. Das natürliche Eigengewicht der Nachgeburt hilft im letzten Moment, die Nachgeburt komplett auszuscheiden. Vorsicht: Ziehen Sie auf keinen Fall an der Nachgeburt!

Legen Sie die Nachgeburt in einen bereitgestellten Behälter mit Deckel, damit sie auf ihre Vollständigkeit überprüft werden kann. Sind noch Plazentareste in der Gebärmutter verblieben, muss der Tierarzt sich um deren Entfernung kümmern. Fieber, Entzündungen bis zur Zuchtuntauglichkeit, drastischer Milchrückgang und Geburtsrehe können Folgen von Nachgeburtsverhalten sein, die wiederum dazu führen, dass die schwerkranke Stute sich nicht um ihr Fohlen kümmern und es versorgen kann.

Manche Stuten haben starke Nachwehen. Die kolikartigen Schmerzen verhindern, dass sie sich um ihr Fohlen kümmern können. Ist dies bei Ihrer Stute der Fall, bitten Sie den Tierarzt, ihr ein krampflösendes Mittel zu verabreichen. Vorbeugend oder bis der Tierarzt kommt, können Sie ein homöopathisches Mittel verabreichen. (S. 15)

Die Abfohlbox herrichten

Sind Stute und Fohlen gesund, munter und gut versorgt, wird die nasse Einstreu entfernt und frisch eingestreut. Hierbei findet man häufig das sogenannte Fohlenbrot, das etwa so groß wie ein Brötchen ist. Es ist ein Stoffwechselrückstand, der sich schnell zersetzt und dann gar nicht mehr zu finden ist. Er schwimmt während der Trächtigkeit in der Geburtsflüssigkeit. Das Entdecken des Fohlenbrotes setzt eine gute Beobachtung der Nachgeburtsphase voraus. Früher bekamen manche Stallmeister von ihren Gutsherren eine Belohnung, wenn sie das Fohlenbrot entdeckten, weil sie so gründliche Beobachter waren.

Schon in der Vorbereitung der Abfohlbox und auch beim nachgeburtlichen Misten ist darauf zu achten, dass die Einstreu an den Wänden höher liegt, damit das Fohlen bei seinen ersten Aufstehversuchen nicht an die bloße Boxenwand stößt oder fällt. Das Fohlen ist noch sehr vorderlastig, so dass es oft mit dem Kopf voraus wieder ins Stroh fällt.

Hat man die Box gesäubert, lässt man die beiden allein. So können sie sich miteinander beschäftigen und das Fohlen arbeitet weiter an Steh-, Geh- und Trinkerfahrungen.

Die nachgeburtliche Prägephase

Direkt nach der Geburt sind Fohlen noch nicht eindeutig auf ihre Mutter geprägt. Verhaltensforscher Lorenz belegt das durch seine Gänseküken. Das Bild der eigenen Art ist nicht angeboren.

In den ersten Stunden laufen die Fohlen einem Menschen nach, wenn dieser sich zu viel in der Box aufhält. Haben sie jedoch am Euter getrunken, werden sie häufig scheuer. Schon nach der ersten Nacht ohne Menschen sind die meisten Fohlen durch die Stimme und den Geruch der Mutter eindeutig auf sie geprägt.

Weil das Fohlen noch keine Zäune kennt, führen wir Stute und Fohlen am ersten Tag, ohne sie frei laufen zu lassen. Dabei sind wir mindestens zu zweit. Das Fohlen ist nach der Enge des Mutterbauchs erstaunt über die Weite der Welt. Die Stute möchte ein wenig Gras knabbern und sich wälzen, was die Fohlen sehr verwundert. Je nach Temperament zeigt das Fohlen alle Gangarten, immer im Kreis um die Mutter herum. Die Stute kann man an der Hand traben, das Fohlen galoppiert mit. Wir sorgen dafür, dass sich das Fohlen nicht zu weit

Gleich am Tag der Geburt wurden Galaxy und Universe nach draußen gebracht. Leichte Bewegung ist auch für die Mutterstute heilsam.

Ein gesundes Fohlen ist keck und bewegungsfreudig.

von seiner Mutter entfernt, da sich die Stute sonst aufregt. Alle anderen Stuten und Pferde im Stall nehmen an diesem ersten Ausflug wie an einer Kinovorstellung teil. Alle schauen in eine Richtung, sind etwas nervös und wiehern dem neuen Fohlen zu. Die Stute ist sehr besorgt um ihr Fohlen.

Entspannte Zweisamkeit

An den folgenden Tagen lassen wir Mutter und Neugeborenes täglich für einige Stunden auf einen eigenen Graspaddock in Sichtweite zur Stutenherde. So haben sie die Nähe und den Schutz ihrer Herde ohne

Wer wachsen will, braucht Ruhepausen!

den Stress durch neugierige andere Stuten oder Jungpferde. Sie haben Bewegung, frische Luft und das Fohlen kann sich an die Begrenzung durch Zäune gewöhnen. Die Prägung des Fohlens auf seine Mutter dauert etwa vier Tage. Nach dieser Zeit kommen sie in die Stutenherde. Später verlieren sich Mutter und Kind manchmal aus den Augen. Das Fohlen schläft oder spielt und achtet nicht auf seine Mutter. Dann wiehert es nach der Stute und wenn sie nicht antwortet, beginnt es, sie zu suchen. Ist die Mutter eine Fuchsstute, geht das Fohlen zur nächsten Fuchsstute und versucht, Geruchskontakt aufzunehmen. Die Stute signalisiert eindeutig, stopp, ich bin nicht Deine Mutter, und das Fohlen sucht weitere fuchsfarbene Stuten auf, bis es seine Mutter gefunden hat. Meist verläuft solch eine Suche stressfrei und in Ruhe.

Die Berührungstoleranz von Fohlen ist unterschiedlich. Es gibt Fohlen, die man von Anfang an überall berühren kann und Fohlen, die sich nach abgeschlossener Prägephase nur von ihrer Mutter berühren lassen. Ihre Berührungstoleranz ist ein Charaktermerkmal, das erhalten bleibt, nachdem man Kontakt zu ihnen aufgebaut hat. Es zeigt sich auch Jahre später noch.

Tipp

Ihr Fohlen lernt jeden Tag ununterbrochen in den verschiedensten Situationen, was ein Pferd in unserer Zivilisation wissen muss. Es hat 24 Stunden Unterricht am Tag.

Imprint- oder Prägetraining

In vielen, vor allem amerikanischen Gestüten ist es üblich, die Fohlen in den ersten Lebensstunden festzuhalten und sie planmäßig überall zu berühren, auch in Körperöffnungen wie Maul, Ohren, After. Wehrt

Auch junge Fohlen knabbern bereits am Gras.

sich das Fohlen, wird die Berührung so oft wiederholt, bis es still hält. Auch mit starken optischen und akustischen Reizen wird das Fohlen konfrontiert. Wir sind menschlich zutiefst empört über dieses respektlose Verhalten gegenüber einem neugeborenen Lebewesen und dessen Mutter und raten dringend davon ab! Neuere Forschungen geben unserem „Bauchgefühl" recht. So gilt das Imprint- Training (Miller, 1992) als Methode, die erlernte Hilflosigkeit auslösen kann, weil sie mit Reizüberflutung arbeitet. (Zeitler-Feicht, 2001). Vergleichende Studien zwischen „behandelten" und „unbehandelten" Fohlen über einen längeren Zeitraum ergaben, dass die behandelten Fohlen ängstlicher und scheuer gegenüber dem Menschen sowie unsicherer und weniger spielfreudig gegenüber Artgenossen waren.

(Universität Rennes, nach Kavallo, Schweiz 2011)

Fohlen sind abenteuerlustig und halten nicht am Weidetor an, nur weil der Mensch das so geplant hatte. Hier ist vorausschauendes Handeln angesagt!

Haltung und Fütterung des Saugfohlens

Das Saugfohlen sollte so natürlich wie möglich aufwachsen. Von Anfang an braucht es viel Bewegung auf trockenen Böden an frischer Luft. Leichte Stellungsfehler bessern sich dadurch in den ersten Wochen meist von allein. Auch bereits im Winter geborene Fohlen sollen sich zusammen mit der Mutterstute wenigstens stundenweise frei und im Freien bewegen. (Wie wichtig Bewegung für den Bewegungsapparat des Pferdes ist, lesen Sie auf S. 63–66)

Alle Fohlen haben einen natürlichen Bewegungsdrang, den sie auch ausleben sollen. Doch auch für die Mutterstute ist Bewegung wichtig. Sie reinigt sich viel besser bei fortdauernder Bewegung, die Gebärmutter kontrahiert schneller, das Wundsekret läuft besser ab.

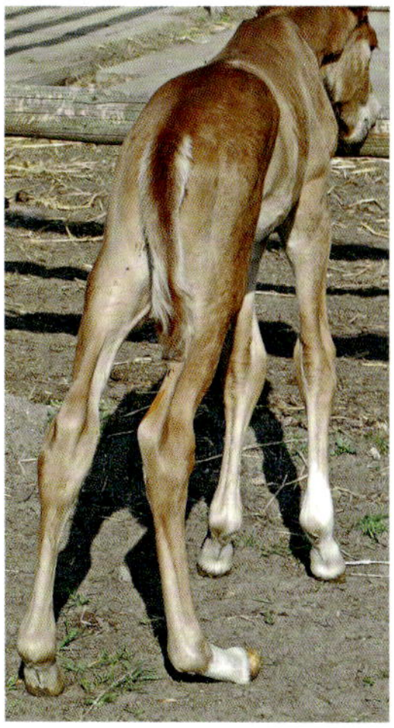

Durchtrittiges Fohlen – nach etwa einer Woche freier Bewegung auf festem Boden hatten sich die Beugesehnen von Rolli gefestigt.

Im Gegensatz dazu ein überkötendes Fohlen. Nach drei Tagen im Gipsverband hatte das Fesselgelenk von Memory die richtige Stellung. Galoppieren konnte er aber auch schon mit dem Gips!

Die breitbeinige Stellung zum Grasfressen muss erst geübt werden …

Fohlengerechte Fütterung

Das lebenswichtige Kolostrum ist die erste Nahrung des Saugfohlens (siehe auch S. 26). Fohlen saugen ca. 50–60 mal täglich, unsere Trakehnerfohlen nehmen pro Saugmahlzeit ca. 150 bis 250 ml Muttermilch auf. Außerdem knabbern sie schon mit wenigen Tagen am Heu bzw. der Heulage oder am Gras und am Kraftfutter ihrer Mütter.

Nach den ersten Lebenswochen reicht die Muttermilch nicht mehr als alleiniges Nahrungsmittel aus. Kommen die Fohlen in dieser Zeit auf die grasreichen Frühlingsweiden, ist das erste Zufutter der Fohlen frisches Wiesengras. Früh geborene Winterfohlen bekommen stattdessen Fohlenzusatzfutter in einer Fohlenkrippe, die für die Stuten unzugänglich ist.

Im Frühjahr, wenn die Vegetationsperiode begonnen hat, können die Fohlenstuten mit ihren Fohlen zunächst stundenweise auf die Weide. Die Fressperiode im Frühlingsgras wird langsam gesteigert, um die Verdauung an die veränderte und im Frühjahr sehr eiweißreiche und rohfaserarme Nahrungsquelle zu gewöhnen.

Die Sommerweiden bieten nicht mehr genügend Mineralien und Kalzium für ein gesundes Aufwachsen der Saugfohlen, so dass sie zusätzlich geeignetes Ergänzungsfutter bekommen.

Hinweis: Lesen Sie über mastige Fütterung auf S. 93.

Seien Sie wie eine gute Mutterstute

Der Begriff des dominanten Alpha-Menschen, des Chefs um jeden Preis, ist zu unserem Leidwesen noch nicht aus der Pferdeszene verschwunden. Ausdauerndes Herumscheuchen Untergebener und der ständige Blick auf das Einhalten der Hierarchien – das sind eher die Eigenschaften von Tieren, die Angst vor Autoritätsverlust haben. Wirkliche Autoritäten sind souverän! Ihre beeindruckende und umfassende Präsenz und ihr Verantwortungsbewusstsein für das Wohlergehen der gesamten Herde lassen keinen Zweifel an ihrer Vertrauenswürdigkeit.

Der Eindruck, Leittiere seien besonders dominant, ist nicht durch das Beobachten wirklicher Wildpferde, sondern unter unnatürlichen Bedingungen und geprägt von überholten verhaltensbiologischen Ansätzen entstanden. Selbst Konikhengste, die höchstens halbwild, aber mit großem Platzangebot leben, schließen sich im Winter zusammen, um Ressourcen zu sparen.

Das proteinreiche Frühjahrsgras ist eine gute Futterergänzung zur Muttermilch.

Fohlen werden von der ganzen Herde, vor allem aber von ihren Müttern erzogen. Mutterstuten sind die Leitstuten ihres Fohlens. Um Ihr eigenes Fohlen erfolgreich zu erziehen, schauen Sie sich das Verhalten der Mütter und des Restes der Herde genau an. Was für eine Mutter möchten Sie sein? Wie verhält sich der Rest der Herde und wem vertraut Ihr Fohlen oder Jungpferd?

Eine gute Mutterstute …

… ist immer für ihr Fohlen da
… ist in den ersten Tagen geduldig mit ihrem Fohlen
… muss ihren Status nicht ständig deutlich demonstrieren
… steckt nachvollziehbare Grenzen ab
… spendet Trost
… gibt Nahrung
… gibt Schutz
… ist verlässlich
… ist einschätzbar
… ist gerecht
… ist wachsam
… ist deutlich und konsequent
… erwartet das Befolgen ihrer für das Fohlen eindeutig verständlichen Ansagen umgehend
… ist kein Spielpartnerersatz

Beachten Sie wie ungerührt die Stute oben auf die Eskapaden ihres tänzerisch begabten Fohlens reagiert. Ohne sich provoziert zu fühlen oder sich zu fragen, ob sie noch der Chef ist, lässt Fidelity ihr wildes Kind gewähren.

Aus unserem Gestüt

Unsere Mutterstuten sind bezüglich der Großzügigkeit der Erziehung sehr unterschiedlich. Dies hat nichts mit dem Rang der Stute zu tun. Es gibt Stuten, die ihrem Kleinen in den ersten Tagen und Wochen nicht erlauben, sich auch nur zwei Schritte von ihr zu entfernen. Die Fohlen werden entweder sofort zurückgerufen, oder die Mutterstute läuft immer hinterher. Häufig handelt es sich bei diesen „Übermüttern" um spätgebärende Stuten, die jahrelang im Sport gingen und erst im reiferen Alter zur Mutterstute wurden.

Andere Mutterstuten erlauben ihrem Kleinen schon nach einer Woche auf Entdeckungsreise zu gehen. Sie beobachten ihre Fohlen natürlich auch, aber solange sie sie sehen, lassen sie sie gewähren. Diese Fohlen sind auch später sehr mutig und trauen sich leichter an Neues heran, als die sehr behüteten. Im Laufe der ersten Jahre einer vertrauensvollen Erziehung und Ausbildung gleichen sich die beiden Typen einander an. Der ursprüngliche Charakter tritt aber in Schlüsselsituationen immer wieder zutage. Auch in einer Herde von Jungpferden sind die Pferde, die von ihren Müttern dazu erzogen wurden, ihre Umwelt ruhig zu erforschen, immer die mutigsten, während die Kinder der „Übermütter" immer durch ihre Vorsicht auffallen, unabhängig von ihrem Rang in der Herde.

Was Fohlen lernen sollten

Fohlen lernen immer, nicht nur in ihrem offiziellen Unterricht! Besonders viel lernen sie von ihrer Mutter. Ein vertrauensvoller Umgang zwischen Ihnen und der Fohlenmutter legt die beste Basis für das Bild, das Ihr Fohlen vom Menschen hat!

Die Lernfähigkeit junger Fohlen ist viel größer als die älterer Jungpferde. Nutzen Sie daher diese frühe Zeit für das Üben grundsätzlicher Lektionen, ohne das Fohlen zu belasten. Wiederholen Sie die Übungen gelegentlich, damit sie sich automatisieren. Sie werden von der raschen Auffassungsgabe Ihres Fohlens überrascht sein.

Üben Sie kurz, regelmäßig und erfolgreich. Die Übungen sollen Ihrem Fohlen Lust auf das Zusammensein und das Lernen mit Ihnen machen. Bevor es richtig losgeht, ist die Arbeit aber fast schon wieder vorbei. Fohlen können sich wie Kinder nur kurz konzentrieren und lernen leicht und sekundenschnell! Zwei positive Minuten sind besser als zehn mittelerfolgreiche!

Überprüfen Sie bei jeder Übung Ihre eigene Stimmung, Ihre Atmung, Ihre Körperhaltung. Sind Sie wirklich entspannt? Atmen Sie ruhig und gleichmäßig? Stehen Sie bequem mit gelösten Schultern? Pferde sind Meister im Entschlüsseln von Körpersprache! Nur so haben sie bis heute erfolgreich überlebt! Sind wir angespannt, überträgt sich das aufs Pferd!

Wenn Ihr Fohlen zunächst ruhig war, dann aber unruhig wird, brechen Sie ab, was Sie gerade tun. Kraulen Sie Ihr Fohlen dann an einer Lieblingsstelle, oder lassen Sie es ein bisschen in Ruhe und versuchen Sie es später noch einmal.

Bedenken Sie, dass eine Übung, die auf der Weide klappt, im Paddock vor der Weide ganz neu geübt werden muss! Das Gleiche gilt, wenn andere, womöglich fremde Personen hinzukommen.

Nehmen Sie sich immer nur solche Lektionen vor, die Sie sich auch zutrauen. Planen Sie Ihre Vorgehensweise und sorgen Sie für optimale Lernbedingungen.

Grundsätzlich sind wir der Meinung, dass Fohlen vor allem im Herdenverband mit ihrer Mutter normales Pferdeverhalten lernen sollten. Die Weidezeit vom Frühjahr bis in den Herbst hinein ist dazu die beste Zeit.

Am leichtesten lernt es sich in der Herde, zwanglos und in kleinen Häppchen. Denken Sie aber auch an Ihre Sicherheit und behalten Sie mit einem Rundumblick in alle Richtungen die Herdendynamik im Auge.

Übung 1: Kontaktaufnahme und Vertrauensaufbau

Ziel Das Bild der Welt beginnt sich beim Fohlen vom ersten Tag an zu formen. Als Menschen sollten wir auf positive Weise in dieses Weltbild integriert sein.

Was Sie wissen müssen Der indirekte Vertrauensaufbau läuft über die Mutter. Das Fohlen beobachtet Ihren Umgang mit seiner Mutter und nimmt die Stimmung, das Verhältnis zwischen Ihnen wahr. Es lernt (hoffentlich) dass Sie der netteste Mensch der Welt sind und man nichts Böses von Ihnen zu befürchten hat. Direkter Berührungskontakt ist wichtig. Noch sind die Fohlen klein und „handlich“, aber schon mit 1–2 Monaten sind sie uns an Kraft deutlich überlegen.

Das Abstreichen mit der Gerte – eine vertrauensbildende Übung, die auch im Erwachsenenalter von unschätzbarem Wert ist. Flightshow ist etwas angespannt im Vergleich zu Rhapsody rechts unten.

Wie Sie vorgehen Mit dem Vertrauensaufbau und direkten Kontakt zum Fohlen beginnen Sie am zweiten Lebenstag. Auch scheue Fohlen sind so neugierig, dass sie näher kommen und anfangen, Sie zu untersuchen, wenn Sie sich ruhig in ihre Box hocken. Achten Sie dabei auf Ihre Sicherheit, bleiben Sie aber dennoch locker und atmen Sie entspannt. Nahezu alle Fohlen können Sie bereits nach kurzer Zeit berühren.

Bleibt das Tier weiterhin auf Abstand, verwöhnen Sie seine Mutter mit Möhren, Äpfeln und Streicheleinheiten. Da die Fohlen vom Verhalten der Mutter lernen, fassen sie spätestens jetzt Zutrauen zu Ihnen.

Wenn Ihr Fohlen scheu ist Fohlen, die sehr scheu sind, kann man versuchsweise mit der Gerte abstreichen. Auch hier streichen Sie zuerst die Mutter mit der Gerte ab, bevor Sie das Fohlen mit in die Berührungen einbeziehen. Der Vorteil des Abstreichens mit der Gerte ist, dass Sie einen großen Individualabstand halten können und die Berührung sich weniger intensiv anfühlt, als eine Berührung mit der Hand.

In Ausnahmefällen dauert diese Kontaktaufnahme sehr lange. Eine genauere Beschreibung der Übung finden Sie auf S. 82.

Übung 2: Bewegungsfreiheit begrenzen

Ziel Ihr Fohlen soll einen Moment lang fühlen, dass Sie seinen Bewegungsraum einschränken.

Was Sie wissen müssen Unbegrenzte Bewegungsfreiheit ist für junge Pferde zunächst einmal selbstverständlich. Neugeborene Fohlen lernen zwar die Wände ihrer Fohlenbox kennen. Zäune nehmen sie in den ersten Lebenstagen jedoch oft gar nicht wahr, es sei denn, es handelt sich um wirklich massive Holzkonstruktionen. Für Fohlen ist es ein wichtiger Lernschritt, dem Menschen zu erlauben, ihre Bewegungsfreiheit einzuschränken.

Voraussetzung Das junge Fohlen wird erst dann festgehalten, wenn es genügend Vertrauen hat, um sich überall anzufassen zu lassen. Bei scheuen Fohlen kann das länger dauern. Die Stute sollte ruhig und vertrauensvoll auf Ihre Annäherung reagieren. Regt sich die Stute auf, steht auch das Fohlen nicht still!

Besuchen und kraulen Sie Ihr Fohlen regelmäßig!

Wie Sie vorgehen Sie können diese Übung allein machen, ein Helfer ist mitunter jedoch sehr hilfreich. Nähern Sie sich von vorne seitlich dem Fohlen und kraulen Sie es an seinen Lieblingsstellen. Stellen Sie sich seitlich neben das Fohlen und umfassen Sie es von vorne und hinten mit je einem Arm. Dabei kraulen Sie auch an Stellen, die bisher nicht gekrault wurden. Begrenzen Sie die Bewegungsfreiheit des Fohlens mit dem vorderen Arm und berühren Sie die Region seitlich von der Schweifrübe oder unterhalb des Schweifs. Wenn Sie zu zweit sind, kann ein Mensch das Fohlen vorne halten und kraulen, der zweite Mensch hält hinten und krault. Vorsicht: Dabei auf keinen Fall den Schweif hochbiegen! Das Fohlen genießt Ihre Berührungen, hat aber irgendwann den Impuls, weiter zu laufen. Halten Sie es dann ruhig einen Moment fest, bevor Sie es laufen lassen.

Übung 3: Halfter tragen

Ziel Das Tragen eines Halfters ist eine Basisübung.

Was Sie wissen müssen Wir beschreiben diese Übung für scheue oder schüchterne Fohlen extra ausführlich. Coolen Fohlen kann man einfach ein Halfter anziehen, ohne dass sie eine Vorbereitung durch den Strick brauchen.

Pandsy lässt sich schon beim ersten Mal das Halfter problemlos anziehen. Die naseweise Rhapsody lernt durch Beobachten gleich mit.

Gehen Sie in der berührungsempfindlichen Genickregion umsichtig vor.

Wie Sie vorgehen Voraussetzung für das Tragen eines Halfters ist, dass Ihr Fohlen zutraulich ist, sich überall von Ihnen anfassen lässt, auch an Kopf, Gesicht und Ohren und dass Sie seine Bewegungsfreiheit schon für kurze Zeit einschränken können. Legen Sie zunächst einfach nur einen Strick lose um den Hals. Schieben Sie den Strick bis zu den Ohren hoch. Legen Sie ihn in einem zweiten Schritt über die Nase und verknoten ihn unter dem Kiefer. Das geht schnell und spielerisch und der Strick kann zügig wieder abgenommen werden. Nach einigen Wiederholungen können Sie ein richtiges Fohlenhalfter anlegen.

Übung 4: Hufe geben

Ziel Ihr Fohlen soll sich auch auf drei Beinen sicher fühlen und Hufkratzer oder Feile kennen lernen.

Was Sie wissen müssen Fohlen können sich noch nicht gut ausbalancieren. Auf drei Beinen zu stehen, fällt ihnen schwer. Aus Angst, umzufallen, wehren sie sich mitunter gegen das Hochnehmen der Hufe. Am Sprunggelenk des Fohlens scheint eine Art Reflexpunkt zu liegen, der bei der ersten Berührung ein sofortiges Ausschlagen bewirkt. Nach einigen Berührungen legt sich dieser Reflex. Vorsicht: Halten Sie das Fohlenbein auf keinen Fall krampfhaft fest. Der unausgereifte Bewegungsapparat des Fohlens kann leicht verletzt werden. So kam es bei uns beispielsweise zu einer Blockade des Kreuzdarmbeins eines Fohlens, weil ein Hufschmied ein zappelndes Fohlenbein einfach nicht losließ.

Pandsy vertraut dem Menschen bereits grundsätzlich und ist neuen Erfahrungen gegenüber offen. Auch das Beklopfen des Hufes mit der Hand schreckt sie nicht.

Voraussetzung Ihr Fohlen ist zutraulich, lässt seinen Freiraum begrenzen, sich mit der Gerte abstreichen (S. 82) und anfassen.

Wie Sie vorgehen Um Ihr Fohlen an das Berühren seiner Beine und Hufe zu gewöhnen, streichen Sie die Beinchen des Fohlens mit einer oder sogar zwei Gerten ab. Akzeptiert es das Abstreichen mit der Gerte, gehen Sie dazu über, die Beine mit der Hand abzustreichen. Manche Fohlen akzeptieren die Berührung mit dem Handrücken besser, als mit den Handflächen. Nach dem kurzen Abstreichen mit der Hand heben Sie die Beinchen kurz und in Ruhe eins nach dem andern an. Ziel ist, dass Ihr Fohlen versteht, dass es sich ausbalancieren kann. Manchmal muss Ihr Fohlen seine Beine erst ein wenig umstellen, bevor es seinen Huf aufnehmen lässt. Warten Sie also geduldig ab, bis das kleine Tier so weit ist, dass es sicher steht. Halten Sie den Huf nur wenige Sekunden, bevor Sie ihn sanft absetzen.

Klappt das gut, können Sie beim nächsten Mal auf die Hufsohle klopfen, um den Schmied zu imitieren, ein anderes Mal können Sie Ihr Fohlen mit dem Hufkratzer und wieder ein anderes Mal mit der Feile bekannt machen.

Übung 5: Führen

Ziel Ihr Fohlen lernt ohne Angst und in kleinen Schritten, dass es Situationen gibt, in denen man nicht instinktiv reagieren kann. Es lernt erste Ansätze von Selbstkontrolle.

Was Sie wissen müssen Das Führen des Fohlens ist eine Basisübung. Allerdings kann hier einiges schief gehen. Ein losstürmendes Fohlen darf nicht zu Fall gebracht werden, wenn es noch nicht gelernt hat, am Strick zu gehen oder wenn es steigt oder stürmt. Ein Sturz des Fohlens kann schwere Verletzungen der Wirbelsäule zur Folge haben. Kurze Führübungen sind unumgänglich, wenn Ihre Sommerweiden nicht direkt am Hof liegen oder Sie zur Fohlenbeurteilung auf einen anderen Hof fahren müssen. Ist dies nicht der Fall, können Sie weitergehende Führübungen in der Stallgasse oder im Freien getrost auf die Zeit nach dem Absetzen verschieben.

Wie Sie vorgehen Auch hier üben Sie zuerst in der Box. Zusätzlich zu Halfter und Führstrick empfehlen wir, dem Fohlen einen Strick um den Hals zu hängen, mit dem man ein losstürmendes Fohlen gefahrlos ausbremsen und am Steigen hindern kann, ohne ihm die Halswirbelsäule zu verdrehen. Es reicht, wenn man dem Fohlen schon in der Box das Gefühl für leichte Führsignale und das Fixiertsein an sich vermittelt. Üben Sie nur wenige Minuten lang. Fordern Sie Ihr Fohlen durch leichtes Zupfen am Strick dazu auf, links oder rechts rum zu gehen oder anzuhalten. Führen Sie von beiden Seiten. Später wandern Sie zusammen mit der Stute über den Hof, zur Weide oder zum Paddock.

Flightshow bei einer ersten Führübung. Vorsicht: Der Knoten des Halsstricks darf sich bei Zug nicht zusammenziehen.

Übung 6: Vorbereitung auf späteres Anbinden

Ziel Sich Anbinden lassen ist eine Basisübung, die aber erst vom dreijährigen Pferd gekonnt werden muss. Bereits auf dem Weg zur späteren Perfektion lernt Ihr Fohlen, seine Impulse kurzfristig zu kontrollieren.

Was Sie wissen müssen Kleine Fohlen binden wir niemals fest an. Auch das Festbinden an der Mutter, etwa an einem Bauchgurt oder gar am Schweif halten wir für ein unzeitgemäßes und gefährliches Relikt aus vergangenen Zeiten. Die Verletzungsgefahr ist groß, wenn ein Fohlen sich panisch in den Strick hängt. Der unausgereifte Knochen- und Bandapparat von Fohlen ist nicht nur an der Halswirbelsäule extrem gefährdet!

Vorsicht beim Führen und Anbinden

Die Verletzungsgefahren bei unsachgemäßem Führen, starrem Festhalten sowie Anbinden von Fohlen und Jungpferden und deren Folgen sind aus osteopathischer Sicht erheblich.

Es kann sich immer die gesamte Wirbelsäule blockieren, vom Genick bis zum Kreuzdarmbein, aber auch die anderen Gelenke, z. B. Fesselgelenk, Vorderfußwurzelgelenk, Sprunggelenke etc.

Neben den knöchernen Blockaden gibt es aber auch noch die Weichteile – Muskeln, Bänder, Sehnen – die überdreht oder extrem verspannt werden können. Die inneren Organe bleiben hiervon auch nicht verschont, da sie ja an diesem ganzen Gerüst aufgehängt sind. Bei Wirbelblockaden kommt es zur Minderversorgung und bei Weichteilblockaden zu Spannungsmissverhältnissen der Organe selbst.

Wenn sich die Fohlen oder Pferde mit den oben erwähnten Blockaden, die vom Laien nicht feststellbar sind, weiterbewegen, kommt es zu Veränderungen im Bewegungsablauf und im Takt. Diese erkennt der Hufschmied meist am ehesten. Beispiel hierzu auf Menschen bezogen: Wenn Sie einen Beckenschiefstand haben, laufen Sie Ihre Schuhe ungleich ab.

Gina Seydel, Physiotherapeutin, Pferde-Osteopathin (DIPO)

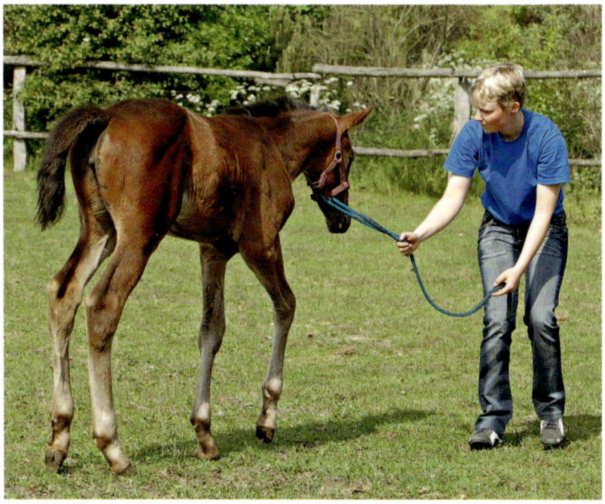

Marietta hat das Führseil so durch das Halfter gezogen, dass sie beide Enden in der Hand hält und Flightshow jederzeit freilassen könnte. Mit vorbildlicher, völlig unaggressiver Körpersprache lädt sie die vier Wochen alte Flightshow zum Mitlaufen ein.

Was Sie brauchen Fohlenhalfter und ein Seil

Wie Sie vorgehen Ihr Fohlen sollte zutraulich und ans Halfter gewöhnt sein und sich berühren lassen. Ziehen Sie das Seil durch den unteren Halfterring und behalten Sie beide Enden des Seils in der Hand. Halten Sie das Fohlen nun für wenige Momente fest. Es soll merken, dass es begrenzt ist, sich aber nicht fürchten muss. Ist das Fohlen beunruhigt, können Sie ihm mehr Leine lassen. Ist es panisch, können Sie es sofort befreien. In der Regel reicht schon ein kurzes Nachgeben, um die Panik, die manche Fohlen beim Festhalten bekommen, zu beruhigen. Regen Sie das Fohlen durch Ihre Körpersprache dazu an, seinen Kopf zu senken. So lernen die Fohlen, dass beim Festhalten keine Gefahr droht.

Übung 7: Maularbeit und Wurmkur vorbereiten

Ziel Mit vier bis sechs Wochen werden Fohlen zum ersten Mal entwurmt (siehe S. 55). Gewöhnen Sie Ihr Fohlen an Berührungen im Maul, bevor Sie ihm eine Wurmkur geben!

Was Sie wissen müssen Für viele Fohlen ist die Kontaktaufnahme mit dem Maul auch dem Menschen gegenüber selbstverständlich. Wie alle kleinen Säugetiere, Menschenkinder inbegriffen, untersuchen sie die Welt zunächst einmal mit dem Maul.

Tellington- Arbeit

Die Übungen basieren auf der Tellington-Methode. Sie wurde vor über 30 Jahren von Linda Tellington-Jones entwickelt und verbindet in einzigartiger Weise Körperarbeit, Bodenarbeit und Reiten. Die Grundlage und das Ziel der Tellington-Methode ist eine verständnis- und vertrauensvolle, angstfreie Beziehung zwischen Mensch und Pferd. Das Lernvermögen der Tiere wird gesteigert. Auf sichere, schrittweise Arbeit wird großen Wert gelegt.

Berührungen im Maul kennt Starlight bereits. Nun untersucht sie die Wurmkur mit den Lippen. Wenig später hat sie ihre Dosis auch schon geschluckt.

Wie Sie vorgehen Stellen Sie sich seitlich vor den Fohlenkopf und schauen Sie in die gleiche Richtung, wie das Fohlen. Halten Sie das Fohlen sanft mit einem Arm über dem Hals. Kraulen Sie es nun zunächst an einer seiner Lieblingsstellen, zum Beispiel an der Brust oder am Widerrist. Fahren Sie dann vorsichtig mit zwei entspannten Fingern um das kleine Fohlenmaul herum. Gleiten Sie mit einem Finger in die Maulspalte und bleiben Sie dicht am Zahnfleisch. Beenden Sie die Übung, wenn Sie das Gefühl haben, die Geduld des Fohlens beginnt zu wanken. Üben Sie in kurzen Einheiten von ein bis zwei Minuten, wiederholen Sie die Übung aber zwei bis drei Mal wöchentlich. Stellen Sie sich beim nächsten Mal auf seine andere Seite und achten Sie bei allen Übungen darauf, keine der beiden Seiten zu bevorzugen! Wenn Ihr Fohlen bereits an das Halfter gewöhnt ist, können Sie es vor der Übung auch aufhalftern und am Halfter halten.

Alle Finger

Bei der Maularbeit gilt die Regel: Alle Finger, die mit ins Maul hineingenommen wurden, müssen auch wieder mit hinausgenommen werden!

Übung 8: Ohren kraulen

Ziel Das Ausstreichen des Pferdeohrs entspannt die Genickregion. Später einmal hilft es Ihnen, den Kopf des Pferdes zu senken.

Wie Sie vorgehen Massieren oder kraulen Sie die Genickregion rund um die Ohren Ihres Fohlens sanft. Kreisen Sie mit der Fingerkuppe in diesem sensiblen Bereich. Üben Sie bei alldem nur wenig Druck aus. Berühren Sie auch die Ohren des Fohlens und streichen Sie diese leicht nach außen aus. Das wirkt besonders entspannend auf das Genick.

Übung 9: Schweifregion kraulen

Ziel Die meisten Fohlen genießen diese Berührungen! Das Berühren und Massieren der Schweifregion gehört zur pferdetypischen „Unterhaltung". Schweifkrauler sind Freunde! Außerdem bereitet eine Massage der Schweifregion Ihr Fohlen auf späteres Fiebermessen und auf Abwaschen und Eincremen nach Fohlendurchfall vor.

Wie Sie vorgehen Umfassen Sie Ihr Fohlen mit einem Arm und kraulen Sie mit der anderen Hand rund um seinen Schweif. Auch der Schweif selbst wird rundum, also auch an der Unterseite gekrault. Ist Ihr Fohlen entspannt, können Sie es auch unterhalb des Schweifes rund um den Po berühren. Etwas oberhalb des Afters liegt ein Akupunkturpunkt, der bei Verdauungsproblemen dafür sorgt, dass Ihr Pferd Luft ablassen kann. Drücken oder massieren Sie den Punkt mehrmals.

Fast alle Fohlen lieben es, in der Schweifregion gekrault zu werden.

Aufmerksam lauscht Starlight auf die ungewohnten Berührungen am Ohr. Ohrmassagen unterstützen den Organismus bei Kreislauf- und Verdauungsproblemen, Juckreiz, Muskelkater, Mattigkeit und vielen anderen Problemen. Halten Sie das Fohlenohr zwischen Daumen und Zeigefinger und massieren Sie es mit kleinen, leichten, kreisförmigen Bewegungen.

Übung 10: Einfache kreisförmige TTouches

Ziel Die Wirkung der sanften kreisenden Berührungen aus der Tellington Methode (TTouch) ist legendär. Sie fördern Aufmerksamkeit, Lernvermögen, Körpergefühl, Selbstbewusstsein und Bewegungsfreude. Außerdem reduzieren sie Anspannung und Stress.

Wie Sie vorgehen Platzieren Sie überall am Fohlenkörper kleine Kreise, die Sie entweder untereinander verbinden oder nur so „hintupfen". Legen Sie Ihre Hand auf das Fell des Tieres und bewegen Sie diese Stelle, also Haut oder Fell des Fohlens, in einem Ein-Einviertelkreis. Achten Sie darauf, nicht übers Fell zu gleiten, sondern wirklich die Haut zu bewegen. Das gelingt am besten, wenn man nur mit sanftem Druck arbeitet.

Probieren Sie es am eigenen Unterarm aus. Stellen Sie sich vor, die Kuppe Ihres Zeige- und Mittelfingers auf dem Zifferblatt einer Uhr auf sechs Uhr abzulegen. Bewegen Sie nun die Haut unter Ihren Fingern auf diesem Zifferblatt einmal rundherum, bis Sie wieder bei sechs Uhr angekommen sind und dann noch weiter bis zu acht oder neun Uhr. Das ist der Ein-Einviertelkreis. Für den Anfang eignen sich zum Beispiel der Fohlenhals oder die „Hose" des Fohlens links und rechts vom Schweif sehr gut zum Kreisen.

Der Tellington TTouch ist keine Massage. Die Berührungen sind federleicht. Sie sprechen das Nervensystem an und verbessern Körperbewusstsein, Beweglichkeit und Lernvermögen. Sie tun sowohl dem gut, der sie bekommt als auch dem, der sie gibt und stärken die Verbindung zwischen Ihnen und Ihrem Pferd.

Die kleine Dirigentin im Hintergrund ist ein besonders temperamentvolles Stütchen. Auch Stutfohlen steigen manchmal im Spiel, aber dennoch bleiben sie insgesamt „mehr am Boden".

Unterschiede zwischen Stut- und Hengstfohlen

Schon nach den ersten Lebenswochen ist das unterschiedliche Spielverhalten von Hengst- und Stutfohlen zu erkennen. Alle Fohlen spielen Lauf- und Fangspiele.

Hengstfohlen suchen jedoch die Nähe anderer Hengstfohlen, die sie für ihre hengsttypischen Kampfspiele und Verfolgungsjagden bevorzugen. Sie zwicken, rempeln, steigen, beißen sich in Brust, Flanken und Vorderbeine, gehen auf die „Knie" und üben spielerisch für spätere Auseinandersetzungen. Dabei zeigen sie das typische Spielgesicht und kein aggressives Kampfgesicht.

Stutfohlen spielen auch mit Hengsten und steigen auch manchmal aus Spaß. Der liebste Zeitvertreib der Stutfohlen besteht aber aus leichtem Beknabbern und konzentrierter intensiver Fellpflege.

Um gesund und zufrieden aufzuwachsen, brauchen Hengstfohlen andere Hengste. Im Vordergrund Rolli, den Sie schon von S. 35 als durchtrittiges Fohlen kennen.

Schwierig wird es für die Fohlen, wenn sie allein ohne Altersgenossen aufwachsen. Diese Form der Fohlenaufzucht ist leidvoll für Fohlen und Stute und führt häufig zu Verhaltensstörungen.

Alle Hengstfohlen und manche kleinen Stuten kneifen oder zwicken mitunter. Bei uns Menschen führt dieses natürliche Verhalten oft zum reflexartigen Schlagen ins Gesicht des Fohlens. Diese Reaktion versteht das Fohlen nicht. Es fühlt sich ungerecht behandelt und kann mit dieser Erziehungsmaßnahme nichts anfangen. Das harmonische, vertrauensvolle und zuverlässige Miteinander zwischen Mensch und Tier wird gestört. Am besten schiebt man den Kopf des Fohlens immer wieder kommentarlos zur Seite. Wiederholt man dieses neutrale, unaggressive Wegschieben einige Male, versteht das Fohlen, dass es uns nicht zwicken oder putzen soll. Steigende Fohlen hält man mittels Körpersprache auf Abstand. Drehen Sie außerdem Ihrem Fohlen nicht den Rücken zu! (siehe S. 75)

Entwurmen und Impfen

Im Alter von 4 bis 6 Wochen wird das Fohlen mit entsprechenden Mitteln zum ersten Mal entwurmt, danach etwa alle 2 Monate. Wir bevorzugen bei Fohlen und Jungtieren immer Wurmpasten mit Geschmack. So nehmen auch scheue Fohlen aus Neugierde beim Beknabbern der Tube gerne die Wurmpaste, wenn Ihr Mensch sie ihnen schnell genug ins Maul drückt. Es gibt Wurmkuren, die nicht für junge Fohlen geeignet sind. Lesen Sie den Beipackzettel daher genau durch und fragen Sie im Zweifelsfall Ihren Tierarzt. Der Wirkstoff des Präparates sollte jedes Mal gewechselt werden. Viele Wurmarten haben bereits Resistenzen entwickelt. Um diesen Prozess nicht weiter zu unterstützen, sollte der Wirkstoff nicht unterdosiert werden. Erfragen Sie bei erfahrenen Züchtern oder beim Tierarzt das Gewicht Ihres Fohlens.

Die Impfung gegen Fohlenlähme direkt nach der Geburt wird heutzutage nicht mehr durchgeführt. Gegen Tetanus und Influenza / Herpes sollte erst geimpft werden, wenn die Fohlen mindestens sechs Monate alt sind. Die unterschiedlichen Wirkstoffe und Impfungen sollten zeitlich voneinander getrennt sein. Die erste Grundimmunisierung wird im Abstand von vier bis sechs Wochen gegeben, danach ist

Tipp

Bevor Sie die Wurmkur verabreichen, fühlen Sie mit dem Finger, ob noch Futterreste im Maul sind. Verbliebene Futterreste werden andernfalls zusammen mit der Wurmpaste ausgespuckt.

1

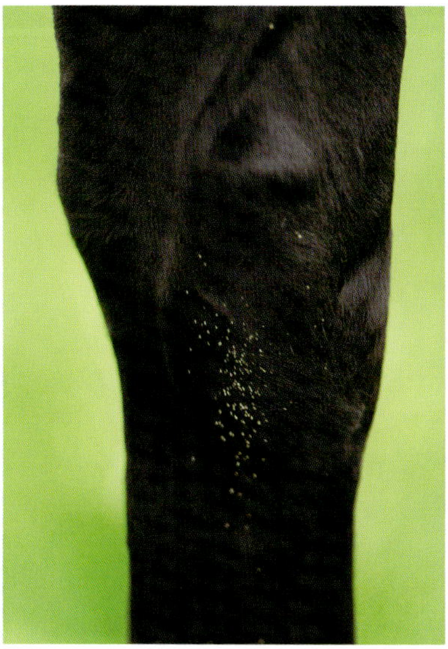

2

1 Dasselfliegen legen ihre Eier auf dem Pferdefell ab. Durch Beknabbern oder bei der gegenseitigen Fellpflege gelangen die Eier ins Pferd.

2 Die tägliche Kontrolle der Pferde ist wichtig, damit Wunden sofort versorgt werden können.

Beobachten Sie Ihr Fohlen bei Durchfall besonders sorgfältig.

Im Ernstfall

Unsere Tipps zur Homöopathie ersetzen nicht die tierärztliche Diagnose und Behandlung! Rufen Sie bei tieferen Verletzungen, bei Fohlendurchfall und hohem Fieber immer den Tierarzt! Fohlen bauen schnell ab!

halbjährlich eine Auffrischungsimpfung fällig. Beim Besuchen öffentlicher Veranstaltungen sind diese Impfungen erforderlich, jedoch nicht unumstritten.

Die Fohlen werden auch auf der Weide täglich besucht. Achten Sie sorgsam darauf, dass sie saufen, fressen, fröhlich sind und sich gerne bewegen. Sollten sie matt wirken, nicht fressen, die Stute sogar ein zu pralles Euter haben, aus dem schon die Milch tropft, ist das Fohlen krank. Rufen Sie sofort den Tierarzt und messen Sie Fieber. Durchfälle junger Fohlen sind normal und hängen mit der starken Veränderung der Darmflora zusammen. Sie gehen oft mit der ersten Rosse der Mutterstute nach sechs bis zehn Tagen einher und verschwinden nach ein paar Tagen. Andernfalls muss der Tierarzt verständigt werden.

Homöopathie und Kräuter

Bei Verletzungen des Fohlens, bei Stürzen, Schlägen oder Unfällen geben Sie direkt nach dem Geschehen als wichtigstes Mittel jeweils drei Globuli Arnica C 200 zunächst viertelstündlich, bis Besserung eintritt. Schleichen Sie die Mittelgabe von drei Mal am Tag über ein Mal täglich aus, bis Ihr Fohlen sich vollständig erholt hat. Schmerzen in schmerzempfindlichen Gebieten wie dem Maul, der Ohren- und Genickregion, dem Rücken und dem Genitalbereich lindert Hypericum C 30, Dosierung wie oben.

Bei Fohlendurchfall verschafft Podophyllum C 6 Linderung. Geben Sie drei bis fünf Mal täglich drei Globuli, bis Besserung eintritt.

Das Absetzen

Einige Pferde- und vor allem Ponyzüchter setzen ihre Fohlen erst ab, wenn die schlimmsten Kälteperioden des Winters überstanden sind. Manche Stuten sind dem Menschen dann bereits zuvorgekommen und lassen ihre Fohlen nicht mehr ans Euter. Andere Pferdemütter müssen großzügig zugefüttert werden, um nicht vom Fleisch zu fallen. Gerade für diese Stuten ist es schonender, nur alle zwei Jahre zu fohlen. Wildpferde verfahren ähnlich. Ihre Fohlen saugen im Durchschnitt um die zehn Monate, manche deutlich länger, vor allem, wenn die Stute nicht wieder tragend ist. Auch früh geborene Fohlen werden manchmal von

Das Euter der Mutter bietet dem jungen Pferd Nahrung und Trost. Behutsam schrittweise abzusetzen verkraften Stute und Fohlen am besten.

ihren Müttern von allein während der Weidesaison abgesetzt. Das Absetzen durch die Stute ist nicht nur für die Psyche von Mutter und Kind, sondern auch für das Euter der Stute am schonendsten. Die Milchleistung der Stute nimmt in den ersten drei Lebensmonaten des Fohlens ständig zu, danach wird sie allmählich immer geringer.

Saugfohlen, die schon mit drei oder vier Monaten abgesetzt werden, sind zu bedauern. Derart frühes Absetzen ist auf keinen Fall pferdegerecht. Je älter das Fohlen bei der Trennung von der Mutter ist, umso eher kann sein Organismus den mit dem Absetzen verbundenen Stress verkraften. Das unten beschriebene behutsame Absetzen ist der abrupten Trennung immer vorzuziehen.

Noch ist die drei Monate alte Rhapsody zu klein, um von der Mutter getrennt zu werden.

Das schonende Absetzen

Liegen alle Weiden rund um den Stall, können Stuten und Fohlen beim Absetzen nicht weit genug voneinander getrennt werden und hören sich, wenn sie einander rufen. Die Gefahr, dass Stute oder Fohlen versuchen, durch den Zaun hindurch zum anderen zu gelangen, ist groß und zeigt deutlich, wie Pferde das Absetzen durch den Menschen empfinden. Daher muss schrittweise und sehr überlegt vorgegangen werden.

Für ein schonendes Absetzen kommen Mutterstuten mit ihren Fohlen etwa ab Ende Oktober, wenn die Nächte kälter werden und das Weideangebot schrumpft, nachts in den Stall. Tagsüber kommen sie alle wieder auf die Weide. So gewöhnen sie sich zunächst einmal an das Boxenleben. Die Fohlen sind schon groß genug, um zusammen mit ihren Müttern Raufutter und Kraftfutter zu fressen. Nach einigen Nächten hat sich die anfängliche Unruhe wegen des nächtlichen Stalllebens gelegt. Die Fohlen bekommen eine eigene zusätzliche Krippe in die Box gehängt. Da die Stuten meist sehr verfressen sind, pendeln sie zwischen den beiden Krippen hin und her und die Fohlen lernen auf diese Weise, auch aus den zusätzlichen Krippen zu fressen. Sobald die Fohlen an der neuen Krippe fressen, werden die Stuten während der Kraftfuttergabe angebunden, so dass die Kleinen ihre Krippe für sich haben. Sie bekommen dann gesteigert über ca. 3 Tage ihre zukünftige Ration an Quetschhafer, Mineralien, Calcium und Fohlenaufbaufutter. Wenn sie diese Ration zügig und komplett auffressen, beginnt man mit dem Absetzen.

Die Stuten werden in dieser Zeit kraftfutterarm und wenig gehaltvoll gefüttert. Wenn man noch einwandfreies, älteres Heu hat, kann man auch das verfüttern. Die Milchleistung soll ja zurückgehen. Hungern sollen sie jedoch nicht!

Wenn die Stutenherde abends reingeholt wird, werden die Fohlen von ihren Müttern getrennt. Sie stehen zusammen in einer separaten Box, in der bereits Raufutter liegt. Die Aufregung ist groß! Manche Fohlen versuchen, aus der Box auszubrechen, deshalb muss alles sehr solide gebaut sein. Manche Fohlen fressen gleich Raufutter, andere sind total nervös. Mutter und Kind rufen einander zu.

Boxen und Zäune müssen so solide sein, dass sie einer Herde aufgeregter Absatzfohlen wirklich standhalten! Doch die erste Aufregung über die neue Situation hat sich nach einer Woche schon etwas gelegt.

Mütter, die schon wieder tragend sind, beruhigen sich viel schneller als güste Stuten. Auch Stuten, die ihr erstes Fohlen abgeben müssen, sind besonders nervös. Die erste Nacht ist am schlimmsten. Morgens werden sie wieder zusammengeführt, und die Fohlen beginnen sofort, zu saugen. Die Euter sind prall, die Fohlen brauchen Milch, Trost und Nähe.

Für drei bis vier Tage werden Mutter und Kind tagsüber zusammen auf die Weide gelassen und über Nacht getrennt. So gewöhnen sie sich an den Zustand der Trennung. Schließlich kommen die Stuten vormittags allein auf eine abgegraste Weide mit geringem Futterangebot. Die ständige Bewegung sorgt dafür, dass sich keine Euterentzündung bildet. Die Fohlen bleiben während dieser Zeit im Stall.

Sind die Stuten nachmittags wieder im Stall, kommen die Kleinen auf einen sicher eingezäunten Paddock. Es gibt Fohlen, die auch dann noch durch Zäune gehen, um zu ihren Müttern zu gelangen. Deshalb sollte alles so sicher wie möglich eingezäunt und die Fohlen unter Beobachtung sein. In der Phase des Absetzens ist es wichtig, dass der Mensch als vertraute Bezugsperson viel Kontakt mit den verstörten Fohlen hat.

Nach etwa 7 bis 10 Tagen hat sich die Situation wieder soweit beruhigt, dass Stuten und Fohlen wieder normal fressen, normal schlafen und normal auf Paddocks oder Weiden können.

Homöopathie und Kräuter

Um die Milchmenge zu reduzieren, verabreichen Sie der Stute zwei Mal täglich einen Teelöffel getrockneten Salbei oder überbrühen Sie die Kräuter und geben Sie sie lauwarm übers Futter. Zur Regulierung der Milchmenge geben Sie Phytolacca C 30, ein Mal täglich über drei Tage.

Bei weiter entfernt liegenden Weiden

Sind die Weiden nicht arrondiert, kann man eine kleine Abtrennung auf der Weide schaffen, beispielsweise einen Lattenzaun, der so niedrig ist, dass nur die Fohlen hindurchschlüpfen können. Hinter diesem Fohlenschlupf werden sie gefüttert und auf das selbständige Fressen vorbereitet. Der Nachteil: Einzelne Stuten sind so schlau, dass sie artistisch unter den niedrigen Zaunlatten hindurch zum Futter kriechen. Das ist zwar lustig, jedoch nicht funktionell.

Eine Panelbox aus beweglichen Zaunelementen vor der Weide ist wesentlich funktioneller. In diese Box werden die Fohlen geduldig einzeln gelockt, um über mehrere Tage oder Wochen hinweg das selbständige Fressen zu lernen. Können die Fohlen ihre zukünftige Ration dann stressfrei fressen, gibt es diverse Alternativen zum oben beschriebenen Absetzen.

Anfangs herrscht in der Gruppe der Absetzer eine gewisse Alarmstimmung, durch die es schnell zu Überreaktionen der Fohlen kommen kann.

Homöopathie-Tipp

Gegen den Trennungsschmerz von Mutterstute und Fohlen geben Sie beiden drei Tage lang ein Mal täglich fünf Globuli Ignatia C 30.

Um das Verletzungsrisiko einzudämmen ist die wichtigste Voraussetzung, dass weder Sicht- noch Rufkontakt zwischen Mutterstute und Fohlen besteht.

Viele Züchter handhaben es so, dass sie die Mutterstuten erst stundenweise, später über Nacht und schließlich ganz aus der Herde nehmen. Die Fohlen orientieren sich dann an der restlichen Herde. Die Gefahr, dass die Fohlen durch den Zaun wollen, um ihre Mütter zu suchen, ist gering, wenn kein Rufkontakt zwischen Mutterstute und Fohlen besteht. Es hängt auch ein bisschen vom Temperament der Fohlen ab, wie diese Absetzmethode funktioniert. In jedem Fall ist sie risikoreich, da es schwierig ist, das Geschehen umfassend zu kontrollieren, wenn die Weiden nicht in der Nähe des Pferdehalters sind.

Alles ist jedoch besser, als Stute und Fohlen abrupt voneinander zu trennen.

Wenn Absetzer in einen anderen Stall zur Aufzucht gegeben werden

Wenn Sie Ihren kleinen Absetzer nicht selbst aufziehen können oder wollen, halten Sie nach einem guten Aufzuchtstall Ausschau. Schauen Sie sich mehrere Ställe an und gehen Sie mit offenen Augen übers Gelände. Wie werden die Pferde gehalten? Wie gepflegt, großzügig, pferdegerecht und stabil sind Zäune, Paddocks, Boxen, Weiden und Trainingsplätze? Wie freundlich und wie professionell ist der Umgang mit den Tieren? Wie werden sie gefüttert? Welchen Eindruck machen ihre Hufe? Und vor allem: Möchten Sie hier Pferd sein?

Die Herdendynamik bei Aufregung ist hier gut zu erkennen. Alle Fohlen stehen dicht zusammen und orientieren sich an den älteren Pferden im Hintergrund.

Der Umzug wird für Ihren Absetzer immer mit zusätzlichem Stress verbunden sein. Allerdings kann man dafür sorgen, dass der Stress so gering wie möglich ist. Am wichtigsten ist, dass das Fohlen bereits einige Wochen vor seinem Umzug abgesetzt wurde. Dann ist es bei seinem Umzug in einen anderen Stall entspannter, kann selbständig fressen und hat im Idealfall zumindest seine Grundimmunisierung gegen Tetanus hinter sich. Natürlich sollte es zum Zeitpunkt des Umzugs gesund und frei von ansteckenden Krankheiten sein.

Ein guter Aufzuchtstall achtet darauf, dass alle Kleinen, die zu ihm in Obhut gegeben werden, am selben Tag dort eintreffen. Die Fohlen sind dann so damit beschäftigt, sich und die neue Umwelt kennenzulernen, dass der Trennungsschmerz etwas in den Hintergrund gerät.

Geben Sie Ihr Fohlen keinesfalls in eine schon bestehende Gruppe von mehreren Jungtieren. Ein wildes Mobbing beginnt und die Verletzungsgefahr ist groß.

Der regelmäßige, vertrauensvolle Kontakt zum Menschen ist in der Zeit des Absetzens besonders wichtig.

Fohlenimpfung

Die Impfung darf nicht vor dem 6. Monat erfolgen, da Fohlen in diesem Alter noch durch die Abwehrstoffe, die sie über die Muttermilch erhalten, immunisiert sind und diese Abwehrstoffe die Wirkung der Impfung zunichte machen. Die Grundimmunisierung erfolgt zwei Mal im Abstand von 4 bis 6 Wochen. Das Fohlen ist also mindestens 7,5 Monate alt, wenn es grundimmunisiert ist.
Die rechtzeitige und korrekt durchgeführte Impfung ist wichtig. Man wundert sich sonst später, dass das Pferd trotz Impfung schwer erkrankt, weil die Grundimmunisierung nicht richtig durchgeführt wurde.

Das abgesetzte Fohlen – der erste Winter

Haltung und Fütterung im ersten Winter

Alter:
8 bis 12 Monate

Der erste Winter bringt einen drastischen Einschnitt in das Leben der durch ihre Mütter bisher wohlbehüteten Fohlen. (siehe S. 56) Auch haltungs- und fütterungstechnisch ist diesem Lebensabschnitt eine große Bedeutung beizumessen.

Die Fohlen leben in ihrer gewohnten Umgebung und brauchen auch jetzt genügend Auslauf in geeigneten Gruppen auf geeigneten Flächen mit soliden Zäunen und festen, trockenen Böden. Die Gesellschaft anderer Pferde ist wichtig für die sozialen Kontakte, die für ein störungsfreies Aufwachsen notwendig sind. Hengst- und Stutfohlen können noch gemeinsam gehalten werden. Am besten sind Laufboxen mit direkt zugänglichem Außenpaddock und täglicher Auslauf auf der Winterweide.

Da das Fohlen im zweiten Lebenshalbjahr noch intensiv wächst, ist der Bedarf an Eiweiß, Lysin, Mineralstoffen und Vitaminen hoch. Die Futterrationen werden auf mindestens 3 Mahlzeiten verteilt. Beobachten Sie das Verhalten der Tiere untereinander genau. Sie sollten während des Fütterns nicht angebunden werden! (siehe S. 48) Futterneidische Tiere müssen beim Fressen aber eventuell separiert werden.

Beispielration für Absatzfohlen	
7 – 12 Monate alt, mittelgroße Rassen in kg/Tag, Gewicht ca. 265 KM nach Meyer/Coenen. KM (Körpermasse) ist das Gewicht des Pferdes in kg.	
Heu, 1. Schnitt	2,5 kg
Möhren	2 kg
Haferkörner, gequetscht	2 kg
Fohlenergänzungsfutter	1,5 kg
Futterstroh	in sauberer Einstreu

Das Fohlenskelett und die Knochenstruktur

Das Skelettsystem ist ein Gerüst aus ca. 300 Knochen, die dem Pferdekörper Halt geben und ihn abstützen. Das Zusammenspiel von Muskeln, Sehnen, Bändern und beweglichen Gelenken macht die Beweglichkeit und Fortbewegung des Pferdes möglich.

In der embryonalen Phase wird das Skelett zunächst als Knorpelskelett angelegt, das nach und nach verknöchert. Die ersten Verknöcherungen dieses Knorpelskeletts sind beim Pferd schon abgeschlossen, wenn der Embryo eine Länge von 7 – 8 cm hat. Zum Zeitpunkt der Geburt eines Fohlens ist die Entwicklung des Fohlenskeletts mit der eines Menschen in der Pubertät vergleichbar.

Das Längenwachstum findet im Bereich der Gelenkenden, der Epiphysen sowie der kurzen Knochen statt. Während der Wachstumsphase des Tieres sorgt dieser Prozess so lange für das Längenwachstum des Knochens, bis sich die Epiphyse schließt und die letzten Elemente des Epiphysenknorpels verknöchern. So wird das Längenwachstum des Pferdes im Alter von zweieinhalb bis drei Jahren beendet. Erst mit dem Abschluss des Dickenwachstums der Knochen ist ein Pferdeskelett wirklich ausgereift. Dies ist der Fall, wenn das Pferd etwa fünf Jahre alt ist.

Frische Luft und freie Bewegung sind gesund!

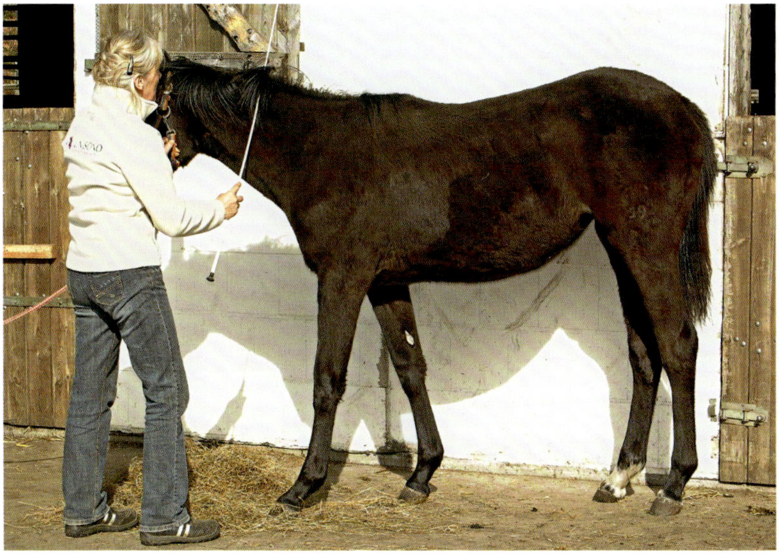

Fohlen wachsen ungleichmäßig – Universe ist hinten gerade stark überbaut.

Das Knochengewebe besteht aus organischer und anorganischer Substanz. Ein perfekt angelegtes System von Zellen und lamellenförmigen Zwischensubstanzen verleiht dem Knochen Festigkeit und Elastizität.

Widerstandsfähige Knorpel und Knochen entstehen nur dann, wenn die jungen Tiere ausreichend Bewegung haben. Dies ist wissenschaftlich belegt. Deshalb empfehlen wir dringend, heranwachsenden Tieren von Anfang an so viel Bewegung wie möglich zu gestatten.

(Vgl. Lena Vosswinkel, Einfluss der Bewegungsaktivität auf Wachstums- und Ausdauerparameter beim Pferd, Diss. CAU Kiel, 2009)

Gewichtsentwicklung	
Geburtsgewicht von Pferdefohlen	ca. 50 – 75 kg
Monatliche Gewichtszunahme im ersten Lebensjahr	ca. 25 kg
Gewicht des Jährlings	ca. 250 – 300 kg
Im zweiten Lebensjahr	ca. 150 kg Zunahme
Im dritten Lebensjahr	ca. 80 – 100 kg Zunahme

Epiphysen

Physiologisches Alter des jeweiligen Epiphysenschlusses nach Diss. Lena Vosswinkel, CAU Kiel (modifiziert nach Huskamp et al. 1996)

Epiphysenfugen		Epiphysenschluss (Alter in Monaten)
Ossa digitorum (manus/pedis) (Zehenknochen)		6 – 9
Ossa metacarpalia III (Röhrbeine)	distal	9 – 12
Radius (Speiche)	proximal	12 – 18
	distal	24 – 30
Humerus (Oberarm)	proximal	36
	distal	12 – 18
Tibia (Schienbein)	proximal	24 – 30
	distal	24 – 30
Tuber ocecrani (Ellenbogenhöcker)		24 – 30
Tuber calcanei (Fersenbeinhöcker Teil des Sprunggelenks)		24 – 30

Proximal = nach oben wachsend • **Distal** = nach unten wachsend

Die Wachstumsbereiche der Knochen werden Epiphysen genannt. Sie beginnen jeweils an den Enden der langen Röhrenknochen.

Nach T. S. Stashak „Adam's Lahmheit bei Pferden" sind alle Epiphysen bei manchen Pferden erst im Alter von vier Jahren geschlossen. Von einem tatsächlich ausgereiften Pferdeskelett spricht man jedoch erst nach der zweiten Phase der Knochenentwicklung, mit fünf Jahren, wenn auch das Dickenwachstum des Knochens abgeschlossen ist.

Eine verlässliche und vertrauensvolle Beziehung zum Menschen!

Neue Beruhigungsstrategien ersetzen das Saugen

Nach dem Absetzen ist das Fohlen erschüttert und verunsichert. Messbare Stressparameter, wie etwa ein erhöhter Cortisolspiegel, weisen darauf hin, dass es sich zunächst einmal vor allem beruhigen muss, um sein Selbstvertrauen wiederzufinden.

Alle Säugetiere, auch der Mensch, kennen oder erlernen Möglichkeiten zur Selbstberuhigung nach Stress. Für das Fohlen waren dies bisher vor allem das Saugen und der Körperkontakt zur Mutter. Neue Mechanismen der Stressregulation, wie zum Beispiel feste Fressrituale, Bewegung, der Kontakt zu befreundeten Fohlen innerhalb der neuen

Stabile Freundschaften mit Gleichaltrigen sind für alle Pferde, besonders aber für Jungpferde wichtig.

Gruppe, aber auch der vertrauensvolle Kontakt zum Menschen ersetzen bisherige Beruhigungsstrategien so gut es geht. Auch das als Ersatzhandlung für das Trinken am Euter zu beobachtende „Nase-unter-den Bauch-stecken“ bei befreundeten Fohlen fällt in diese Kategorie. Selbst erwachsene Pferde, vor allem Wallache, stecken zum Beispiel nach schmerzhaftem Körperkontakt mit dem Elektrodraht ihre Nase unter den Bauch eines vierbeinigen Freundes. Auch Koppen, das ebenfalls als Selbstberuhigungsmechanismus gilt, kann in dieser Zeit des Absetzens seinen Ursprung haben und nach frühem oder abruptem Absetzen entstehen.

Erhöhter Stresspegel

Während der gesamten ersten Zeit der körperlichen und seelischen Umstellung ist der Stresspegel des Fohlens erhöht. Je nachdem, wie viel sich für das Fohlen verändert hat und ob es zusätzlich zur Trennung von der Mutter auch noch einen Stallwechsel zu verkraften hat, dauert diese Stressphase zwei bis sechs Wochen oder länger. Der junge Organismus ist in dieser Zeit besonders anfällig für Infektionen,

Verbringen Sie Zeit mit Ihrem abgesetzten Fohlen, beobachten Sie es und freuen Sie sich über Kontaktaufnahme.

Verletzungen, Koliken. Wir plädieren dafür, zusätzliche Stressfaktoren wie Impfungen, wiederholte Stallwechsel oder gar Kastration zu vermeiden. Auch auf neue Übungen mit dem Fohlen sollten Sie verzichten. In der Fohlenherde herrscht direkt nach dem Absetzen eine große Unruhe. Seien Sie daher besonders aufmerksam, wenn Sie sich zwischen den Absetzern bewegen.

Verbringen Sie Zeit mit dem Fohlen, seien Sie einfach da. Ihr Dasein knüpft ein Band zwischen Ihnen und Ihrem Fohlen. Auch Pferde sind füreinander da – beim Dösen, beim Fressen, beim Gehen, beim Rennen, bei der Fellpflege. Beobachten Sie, was Ihr Fohlen von den anderen unterscheidet, wer seine Freunde sind, was typisch für dieses spezielle Tier ist.

Erst wenn einige Zeit vergangen und das Fohlen entspannter ist, kann man anfangen, die Erziehung des Fohlens ohne Mutter und den weiteren Beziehungsaufbau zum Menschen zu intensivieren.

Für junge Säugetiere ist der Kontakt mit der Mutter die erste, beste und vertrauteste Möglichkeit, um sich selbst zu beruhigen. Fällt dieser Kontakt weg, steigt der Stresspegel enorm. Wird der Stress zu stark, kann das Fohlen ihn gar nicht mehr managen. Vielleicht wirkt es dann besonders ruhig. In der Natur findet sich dieser Zustand der Erstarrung oder Dissoziation in Momenten höchster Bedrohung, in denen flüchten oder kämpfen unmöglich ist. Wird dieser Zustand nicht aufgelöst, führt er zum seelischen Trauma. Am wenigsten belastend ist es für das abgesetzte Fohlen, in seiner gewohnten Umgebung zu bleiben, mit Fohlen, die es kennt.

Hubert und Klein berichten in ihrem bewegenden Buch über frei lebende Mustangs von einem erst zweiwöchigen Mustangfohlen, das nur wenige Stunden von seiner Mutter getrennt wird und durch die Folgen dieser beängstigenden Trennung wochenlang körperlich sehr geschwächt ist –„ als sei alle Lebenskraft aus ihm gewichen".

Stress erkennen
Typische Stressreaktionen sind Flüchten, Kämpfen, Erstarren, Ohnmächtig werden oder Herumalbern.

Das Fohlen in der neuen Gruppe

In ihrer neuen Gruppe müssen die Fohlen für eine neue Rangordnung sorgen. Am ruhigsten geht dies vonstatten, wenn der neue Gruppenchef souverän an erster Stelle steht. Etwas unruhiger ist es in der Gruppe, wenn das ranghöchste Fohlen seine Führungsrolle verteidigen muss, weil es ein oder zwei weitere ebenso selbstbewusste Fohlen gibt, die ihm die Rolle streitig machen wollen. Oft regelt sich dies altersbedingt. Glücklicherweise beschränken sich solche hierarchischen Rangeleien meist auf die Fütterungszeiten. Günstig sind Gruppen mit geraden Zahlen, da sich so besser Freundschaften schließen können.

In jedem Fall ist es manchmal schwierig, innerhalb der Gruppe in Ruhe mit einem einzelnen Fohlen zu arbeiten. Hat man z. B. ein Fohlen zusammen mit einem Helfer an Halfter und Strick und will die Hüfchen bearbeiten, ist man sofort von neugierigen Fohlen umzingelt. Ein Fohlen, das in der Rangordnung nicht an erster Stelle steht, kann nicht ruhig stehen bleiben, wenn die anderen es bedrängen. Es muss den ranghöheren Fohlen Platz machen.

Die Herdendynamik ist in neuen Gruppen anfangs sehr unruhig. Genügend Platz und Auslauf helfen, Rangeleien gefahrlos zu klären.

Wir bringen den Fohlen deshalb immer bei, allein mit uns auf die Stallgasse zu gehen. Sie kennen die Stallgasse und sind hier schon oft zusammen mit ihren Müttern gewesen. Nun müssen sie sie ohne ihre Mütter neu kennen lernen. (Übung S. 84)

Es gibt große charakterliche Unterschiede im Verhalten der Fohlen. Manche Fohlen sind völlig entspannt und lassen sich aufhalftern, aus der Gruppe herausnehmen und führen, als seien sie schon hundertfach aufgehalftert, aus der Gruppe herausgenommen und geführt worden. Doch Vorsicht: Unter fünfzig dieser coolen Fohlen ist ganz bestimmt eines, das fälschlicherweise für cool gehalten wird. In Wirklichkeit hat es vor Aufregung innerlich abgeschaltet und lässt alles mit sich geschehen. Beobachten Sie Ihr Fohlen also genau! Und: Das oberste Gebot ist in jedem Fall Geduld.

Immer wieder neues, sicheres Spielzeug befriedigt den kindlichen Spieltrieb.

Allein bleiben und Kleben

Für junge Fohlen ist es altersgemäß, der Mutter zu folgen, also zu kleben. In der Natur sondert sich die Mutterstute häufig von der Herde ab, um ihr neugeborenes Fohlen ungestört auf sich prägen zu können. Der Mutter zu folgen, sichert das Überleben des Fohlens. (siehe S. 31)

Da dies nach dem Absetzen ja nicht mehr möglich ist, schließen sich viele gerade abgesetzte Fohlen eng an ihre gleichaltrigen Freunde an.

Wer auch immer den abgesetzten Fohlen Vertrauen einflößt, wird in unsere Arbeit mit einbezogen. Wir achten auch nach Wochen noch darauf, dass es mindestens Sichtkontakt zu seinen Kollegen hat. Bei allen nachfolgenden Übungen bleiben wir zunächst entweder in der großen Laufbox, auf dem Paddock oder auf der Winterweide zwischen den Fohlen oder wir gehen auf die Stallgasse. Manchmal arbeiten wir auch mit zwei oder drei Fohlen auf dem kleinen Paddock vor der Box oder der Winterweide. So können die Fohlen weiterhin Sichtkontakt zum Rest der Herde behalten.

Um den Stresspegel so niedrig wie möglich zu halten, trennen wir einzelne Tiere nicht komplett von den anderen. Dies würde die Tiere zu sehr ängstigen. Im Zustand der Angst lernen sie jedoch nichts. Wenn die Fohlen zu Zwei- oder Dreijährigen herangereift sind, ist immer noch Zeit genug, sie ans Alleinsein in der Halle oder auf Spaziergängen zu gewöhnen. Stuten sind in dieser Hinsicht spätreifer. Sie schließen sich oft sehr eng an Freundinnen an. Hengste und Wallache sind manchmal schon als Zweijährige gelassen und entspannt, wenn sie allein in die Halle geführt werden. Dies liegt in der Natur der Pferde. Stuten sind in der Natur nie allein anzutreffen, Hengste dagegen schon – aber eben erst ab einem Alter von etwa zwei Jahren.

Wahrscheinlich werden Sie von irgendwoher hören, dass Sie sich einen Kleber erziehen, wenn Sie nach unserer Methode arbeiten, nach dem Motto „was Hänschen nicht lernt, lernt Hans nimmermehr". Vertrauen Sie uns. Keines unserer Pferde ist ein Kleber, alle haben gelernt, sich auch allein reiten zu lassen – aber keines musste diese Lektion bereits als kleines Pferdekind lernen, wenn es noch gar nicht bereit für sie war.

Unsere Vorgehensweise des gemeinsamen Arbeitens ist altersgemäß und pferdefreundlich. Sie fördert das Vertrauen des Jungpferdes in Sie als Bezugsperson. Außerdem schult sie Ihre Antennen für die Stimmung der Herde und Ihre Fähigkeit, im Zusammensein mit Ihrem jungen Pferd immer vollkommen präsent zu sein. Dies ist eine Fähigkeit, die wirkliche Pferdeleute genauso sehr ausmacht, wie die Fairness zum Pferd.

Und: Es geht uns nicht nur um pferdegerechte Erziehung, sondern auch um die Sicherheit des Menschen beim Führen oder Reiten.

Zum natürlichen Fohlenverhalten gehört das Folgen oder „Kleben".

Das Putzgesicht

Verstehen Sie Ihr Fohlen?

Wenn wir Ihnen vorschlagen, Zeit mit Ihrem Fohlen zu verbringen bedeutet dies für uns nicht, dass Sie an Ihrem Fohlen kleben. Nehmen Sie sich ein Buch mit zur Weide und setzen Sie sich zum Lesen an den Zaun oder stricken Sie Socken. Nehmen Sie Ihre Kamera mit und schauen Sie immer wieder mal auf und beobachten oder fotografieren Sie Ihr Fohlen. Machen Sie sich mit seiner Mimik, seiner Rolle innerhalb der Herde und seinen Angewohnheiten und Bewegungsmustern vertraut. So kann es Ihnen später nicht passieren, dass Sie ängstliches Verhalten als Sturheit oder Aggression deuten und Ihr Pferd ungerecht behandeln. Sie werden zusammengezogene Nüstern und Lippen, enger gestellte Augen und leicht seitwärts weisende Ohren als Stressgesicht erkennen und entsprechend geduldig reagieren können.

Das Stressgesicht

Das Spielgesicht

Das neugierige Gesicht

Das Spielgesicht

Die Verständigung mit Ihrem Absetzer

Erst wenn Ihr Absetzer die Trennung von der Mutter verarbeitet hat und sich entspannter in seiner neuen Herde bewegt, macht es Sinn, sich eingehender mit ihm zu beschäftigen. Bevor Sie ihm etwas beibringen wollen, sollten Sie sich über die grundlegenden Regeln der Kommunikation Gedanken machen.

Mit Pferden sprechen

Was Worte angeht, so überlegen Sie sich am besten so früh wie möglich, welche Kommandos Sie benutzen möchten. Ob Sie Steh, Halt, Ho oder Brrrt sagen, wenn Sie möchten, dass Ihr Pferd anhält, spielt keine Rolle. Nur ein ständiges Hin- und Herwechseln zwischen verschiedenen Kommandos für dieselbe Sache sorgt beim Pferd für Verwirrung.

Es kann hilfreich sein, einem Pferd einen Sachverhalt so konzentriert und genau zu erklären, wie einem Menschen. Beim Erklären haben Sie selbst genau vor Augen, was Sie von Ihrem Pferd möchten. Das unterstützt die korrekte Umsetzung! Setzen Sie Worte so bewusst wie möglich ein. Entweder einzeln oder als ganze Wortherde.

Worte sind für einen intensiven Dialog zwischen Mensch und Pferd nicht nötig. Auch Marietta und Carefully verstehen sich allein über Körpersprache.

Während Universe noch etwas beunruhigt auf die Hütchen schaut, ist Utes Körperhaltung aktiv und vorwärtsweisend. So lässt Universe sich mitnehmen.

Körpersprache

Am wichtigsten in der Kommunikation mit dem Pferd ist unsere eindeutige, klare und präsente Körpersprache. Für schüchterne Fohlen kann es entspannend wirken, wenn Sie sich z. B. in ihrer Nähe unterhalten oder einen Zaun reparieren. Ganz allmählich kommen die unsicheren Kleinen dann von selbst näher, um Sie zu beschnuppern. Ebenso entspannend kann Ihre etwas schlappe Körperhaltung mit gebeugten Schultern und nach unten gerichtetem Blick wirken. Richten Sie sich dagegen abrupt auf, deutet das Fohlen dies als Angriff und ergreift die Flucht. Üben Sie beide Haltungen einmal vor dem Spiegel und beobachten Sie Ihre Wirkung. Auch beim Gehen kann Ihre Körperhaltung ganz unterschiedlich wirken.

Richten Sie Ihre Aufmerksamkeit in einer Art weichem Rundumblick auf Ihr Fohlen und seine Umgebung. Setzen Sie sparsame Gesten bewusst ein. Bewegen Sie sich entspannt. Dies alles macht eine gute Leitstute aus.

Eine tief gehaltene Futterschüssel erleichtert die entspannte Körperhaltung von Princess. Das Kauen des Hafers beruhigt zusätzlich.

Lob und Belohnung

Ein wichtiges Signal für unsere Pferde ist das Lob. Gewöhnen Sie sich an, Ihr Pferd wann immer es geht zu loben. Loben Sie durch Streicheln, durch ein begeistertes oder sanftes „Braaav“, „Feeein“, „Guuut“, durch Abstreichen mit der Gerte oder durch Futter. Junge Pferde müssen unsere Sprache, unsere Hilfen, unsere Wünsche erst verstehen lernen. Indem wir sie bestätigen, werden sie sicherer und trauen sich mehr zu. Loben Sie bereits den Ansatz einer Reaktion und loben Sie sofort. So lernen Sie einerseits selbst, genau hinzusehen. Auf der anderen Seite motivieren Sie schüchterne Pferde, freudig mitzuarbeiten.

Auch das Ende der Arbeit oder zumindest eine Freilaufpause zur Entspannung fallen unter die Kategorie „Lob“. (siehe auch S. 105)

Strafen

Was tun Sie aber, wenn Ihr junges Pferd sich ganz und gar nicht lobenswert verhält, wenn es steigt, nach Ihnen schlägt oder Sie beißt?

Ein Pferd ist ein großes Tier. Es wiegt ausgewachsen etwa 500 Kilo und kann uns leicht verletzen. Vielleicht ist dies der Grund dafür, dass wir Menschen mitunter wenig klug reagieren, wenn Pferde sich bedroht fühlen.

In den meisten Fällen ist das, was wir bestrafen möchten, ein aktivierter Fluchtinstinkt. Durch Härte wird der Wunsch Ihres Pferdes, zu flüchten eher verstärkt, als beruhigt. Wir plädieren für den Weg des Vertrauens. Er schafft eine solide und sichere Basis für die spätere Arbeit. Die Zeit, die Sie am Anfang eines Pferdelebens investieren, um Ihr Jungtier in Ruhe an Abläufe wie z. B. das Hufe geben zu gewöhnen, schafft Vertrauen und festigt und stärkt außerdem Ihre Beziehung. Pferde, die gelernt haben, den Menschen zu fürchten, sind innerlich immer angespannt und daher nicht verlässlich.

Andererseits gibt es Situationen, die durch ein kurzes, scharfes „Nein" oder durch ein energisches Aufrichten und Großwerden bereits eindeutig geklärt werden können. Wenn Sie Ihr Pferd durch ein lautes „Nein" oder „SScchhht" strafen, dann strafen Sie sofort nach ungehörigem Verhalten. Auch ein Pferd straft ein anderes Herdenmitglied genau in dem Moment ab, in dem es sich falsch verhält. Auch hier lohnt es sich, Pferdemütter zu beobachten. Nach einer Strafe oder einer gesetzten Grenze sind Pferdemütter nicht nachtragend.

Tipp

Es gibt Tage, an denen man gar nichts mit dem Pferd machen sollte. Setzen Sie sich an solchen Tagen einfach in die Nähe Ihres Fohlens und beobachten es.

Universe scharrt bei Stress wie bereits ihre Mutter und Großmutter und alle ihre Geschwister ausdrucksvoll mit dem Huf. Zusätzlich zum „Nein" wird sie mit der Gerte abgestrichen, um die Anspannung zu reduzieren.

Was kann schief gehen?

- Haben Sie zu lange geübt?
- Haben Sie das Jungtier nicht gut genug auf eine neue Situation vorbereitet?
- War es durch einen veränderten Ablauf im Alltag verstört?
- Gab es Störfaktoren im Umfeld des Jährlings (Sturm, Hektik, Wechsel des Boxennachbarn, Gewitter etc.)?
- Waren Sie in Ihren Signalen klar genug?
- Hatten Sie selbst einen schlechten Tag?

Fragen Sie sich nach einem unangenehmen Vorfall aber auch immer, wie Sie das Fehlverhalten des Tieres beim nächsten Mal vermeiden könnten und ob Ihre Strafe gerechtfertigt war. Häufig liegt der Fehler beim Menschen.

Übungen mit dem Jährling

Ist das Vertrauensverhältnis zwischen Ihrem Fohlen und Ihnen gefestigt, dann können Sie sich schon mal an einige Übungen wagen. Aber es gilt immer: Lassen Sie sich Zeit, üben Sie sich in Geduld. Es geht in erster Linie darum, Ihren Absetzer an bestimmte Situationen und Dinge zu gewöhnen. Nicht darum, alles perfekt zu machen.

Das Führen

Zum Führen brauchen Sie ein gut sitzendes Halfter, das sich individuell an zwei Punkten anpassen lässt und ein Führseil. Am angenehmsten für das Fohlen ist es, wenn Sie ein einfaches Seil verwenden. Sehr junge Tiere führen wir, indem wir ein langes Seil durchs Halfter ziehen und an beiden Enden festhalten. Dies ist auch auf uneingezäuntem Gelände empfehlenswert. So kann man im Notfall loslassen und das Tier tritt nicht auf den Strick. Später ist auch ein Seil mit Panikhaken, der sich schnell lösen lässt, zweckmäßig. Erst bei ans Führen gewöhnten Zweijährigen führen wir nach allen Regeln der Kunst, also mit über der Nase verschnalltem Seil. Dies allerdings nur, wenn wir auf eingezäuntem Terrain arbeiten. Die Gefahr, dass ein Jungpferd sich losreißt und schwerwiegend verletzt, ist uns andernfalls zu hoch. Sogar Genickbrüche können die Folge sein, wenn ein Pferd sich losreißt und unglücklich im gestreckten Galopp auf den Führstrick tritt.

Knotenhalfter sind für die empfindsamen Jungtiere ebenso unangenehm wie Halfter mit doppeltem Nasenriemen. Sie wirken ungenau auf stark sensible Nervenpunkte im Gesicht und sitzen zudem häufig tief über den Nüstern, so dass sie die Nasentrompete einengen und die Atmung behindern.

Ein zusätzliches Brustseil, also ein dickes Seil ohne Haken, unterstützt das Führseil am Halfter, wenn Ihr junger Schüler zu sehr losstürmt.

Beim Führen arbeiten wir außerdem mit einer steifen Dressurgerte, die wir als verlängerten Arm einsetzen. Die Gerte gibt uns die Möglichkeit, aufgeregte Jungpferde abzustreichen und dabei zu beruhigen. Sie ist auch ein sehr guter Abstandhalter, wenn Ihr Fohlen auf Ihren Arm krabbeln möchte.

Feste Schuhe und Handschuhe sind beim Führen empfehlenswert.

Bei allen neuen Lektionen ist ein störungsfreies Umfeld wichtig. Außerdem arbeiten wir mit Jungpferden immer in Gesellschaft anderer Pferde. (siehe S. 70)

In der Gruppe lernt es sich am besten.

Entspannte Körperhaltung bei Mensch und Pferd.

Körperhaltung beim Führen

Achten Sie darauf, beim Führen vor der Schulter Ihres Fohlens zu bleiben. Wenn Sie zu weit nach hinten geraten, wirken Sie treibend. Außerdem wird es von hinten schwierig, Ihren Youngster zu kontrollieren. Gerade Jungtiere laufen jedoch auf der Vorhand und dadurch bedingt eilen sie häufig. Kurven, Wendungen, Bodenhindernisse und gelegentliches Anhalten helfen Ihnen, das Tempo etwas zu drosseln. Auch Füttern bremst. Generell sollten Sie sich der Geschwindigkeit Ihres jungen Partners aber zunächst anpassen und sich dabei so fließend wie möglich bewegen. Machen Sie sich klar, dass Ihr Ziel nicht ist, dass sich Ihr Pferd in Zeitlupe bewegt. Sie möchten es stattdessen schon vom Boden aus ins bestmögliche Gleichgewicht bringen. Später beim Einreiten wird es noch einmal eine Phase geben, in der sich die Remonte quasi nach vorn flüchtet und dabei zu viel Gewicht auf die Vorhand bringt. Durch eine qualitätsvolle Bodenarbeit vor dem Einreiten können Sie diese Phase aber enorm verkürzen!

Auch psychisch ist Ihr Fohlen zunächst nicht im Gleichgewicht, wenn Sie mit ihm arbeiten. Sein Fluchtinstinkt ist aktiviert. Körperarbeit, Futter, beruhigende Worte und eine entspannte Körperhaltung helfen ihm, sich daran zu erinnern, dass es Ihnen doch eigentlich vertraut.

Nach und nach wird Ihr Fohlen sein körperliches und seelisches Gleichgewicht wiederfinden. Es wird selbstsicherer, körperbewusster und vertrauensvoller. Durch altersgemäße Bodenarbeit in den Bodenhindernissen wird es lernen, sein Gewicht mehr nach hinten zu verlagern. Dadurch wird es auch weniger eilen.

Übung 1: Berühren

Ziel Vertrauen aufbauen, Trost spenden, Stress reduzieren

Was Sie wissen müssen Gönnen Sie Ihrem abgesetzten Fohlen und sich selbst die Freude regelmäßiger Berührungen. Angenehme Berührungen sind jetzt besonders wichtig. Sie führen zur vermehrten Produktion von Oxytocin, dem Antistresshormon. Da auch mitfühlende Fohlenbesitzer nach dem Absetzen einen erhöhten Stresspegel haben, tun Sie auch sich selbst etwas Gutes, wenn Sie Ihr abgesetztes Fohlen streicheln,

Bewusstes Berühren schafft Vertrauen und beruhigt.

abstreichen, kraulen und massieren. Wenn Sie den Körper des Fohlens mit den Händen oder der Gerte abstreichen, achten Sie darauf, dass es Ihre Berührungen genießt. Finden Sie heraus, welche Berührungen Ihr Fohlen mag. Es soll nichts erdulden, sondern Spaß am Zusammensein mit Ihnen haben!

Achten Sie in der Box darauf, nicht von anderen Absetzern umgerannt zu werden. Der Aufbau der Rangordnung unter den Fohlen ist gerade in vollem Gang.

Wie Sie vorgehen In den ersten Wochen nach dem Absetzen geht es beim Berühren des Fohlens vor allem darum, Trost zu spenden, die Bindung zu stärken und Vertrauen aufzubauen. Kraulen Sie Lieblingsstellen und bauen Sie bereits bekannte TTouches ein. (z. B. S. 49 u. 51–53)

Hat Ihr Fohlen das Absetzen nach einigen Wochen verdaut, beziehen Sie auch andere Körperregionen und das unten beschriebene Abstreichen mit der Gerte mit ein.

Übung 2: Abstreichen mit der Gerte

Marietta kombiniert Abstreichen mit Kraulen.

Ziel Das Abstreichen mit der Gerte ist eine hervorragende Möglichkeit, junge und ältere Pferde daran zu gewöhnen, sich auch an heiklen Stellen berühren zu lassen, etwa, wenn die Versorgung einer Wunde ansteht. Zudem wirkt es beruhigend und entspannt das Pferd in ungewohnten oder aufregenden Situationen, zum Beispiel bei Impfungen, beim Tupfern oder beim ersten Satteln.

Wie Sie vorgehen Streichen Sie am Hals entlang nach unten über Brust und Vorderbeine bis zu den Hufen. Auch Rücken und Hinterbeine können mit der Gerte abgestrichen werden. Steht Ihr Fohlen beim Abstreichen entspannt, können Sie den Bauch ebenfalls ins Abstreichprogramm einbeziehen. Im Idealfall kennt Ihr abgesetztes Fohlen das Abstreichen bereits aus seiner Zeit als Saugfohlen. Wenn Sie es erst daran gewöhnen müssen, drehen Sie die Gerte um und halten Sie sie so, dass der dicke Knauf nur ein wenig aus Ihrer Hand herausragt, während Sie den Hals des Fohlens damit abstreichen. Nach und nach lassen Sie die Gerte aus Ihrer Hand herausgleiten und drehen sie richtig herum. Das Abstreichen mit der Gerte ist eine eher

Das Abstreichen mit der Gerte macht Universe ihre Hinterhand bewusst. Aufmerksam spürt sie der Berührung nach.

beiläufige Berührung, wie das rhythmische Lecken der Mutter oder das Wehen des Schweifs der Mutter übers Fell. Atmen Sie entspannt ein und aus und achten Sie auf bequemes Stehen.

Übung 3: Vorbereitung auf späteres Anbinden

Ziel Sich Anbinden lassen ist eine Basisübung, die aber erst vom Dreijährigen gekonnt werden muss. Bei der Vorbereitung dazu lernt Ihr Fohlen, seine Impulse kurz zu kontrollieren.

Was Sie wissen müssen Abgesetzte Fohlen binden wir niemals fest an. Die Verletzungsgefahr ist *groß*, wenn ein Fohlen sich panisch in den Strick hängt und sich wehrt. Der unausgereifte Knochen- und Bandapparat von Fohlen ist nicht nur an der Halswirbelsäule extrem gefährdet! Voraussetzung für die Übung ist, dass Ihr Fohlen Teil eins dieser Übung (S. 48) mehrere Male erlebt hat und sich entspannt festhalten lässt.

Was Sie brauchen Fohlenhalfter, Gerte und ein etwa drei Meter langes Seil

1

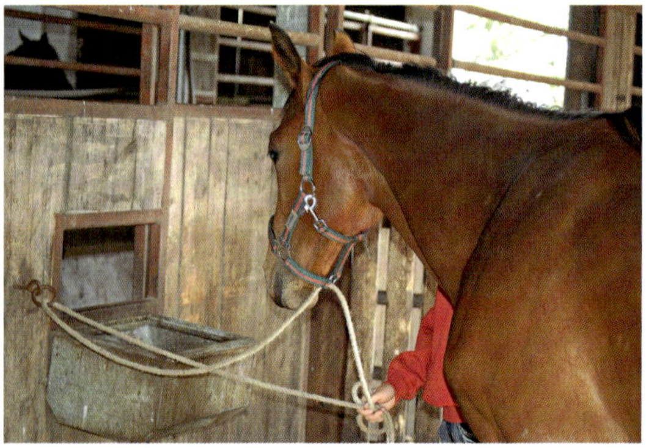

2

1 Der Strick läuft durch Halfter- und Anbindering, beide Enden werden in der Hand gehalten.

2 Ein Ende des Stricks ist mit einem Sicherheitsknoten am Halfter befestigt. Bei Bedarf bekommt das Fohlen sofort mehr Raum.

Wie Sie vorgehen Ziehen Sie einen langen Strick durch den unteren Halfterring und behalten Sie beide Enden des Stricks in der Hand. Halten Sie das Fohlen nun für wenige Momente fest. Es soll merken, dass es begrenzt ist, sich aber nicht fürchten muss. Ist das Fohlen beunruhigt, lassen Sie ihm mehr Leine. Ist es panisch, befreien Sie es sofort. Meist reicht ein kurzes Nachgeben, um die Panik, die manche Fohlen beim Festhalten bekommen, zu beruhigen. Mit der Zeit lernen die Fohlen, dass beim Festhalten keine Gefahr droht. Ist das Fohlen entspannt, behalten Sie nur ein Strickende in der Hand und befestigen das andere Ende mit einem Sicherheitsknoten am Halfter.

Übung 4: Herausholen auf die Stallgasse

Ziel Das Trennen von der Gruppe ist ein weiterer wichtiger Übungsschritt, nachdem die kleinen Absetzer sich an ihre neue Situation ohne Mutter gewöhnt haben. Auf der Stallgasse können Hufe bearbeitet und erste Führübungen gemacht werden.

Was Sie wissen müssen In der Regel gehen die Fohlen auf der Stallgasse gerne zu unbekannten Pferden und nehmen Kontakt auf. Für die Kleinen ist dies ein richtiges kleines Abenteuer. Stressgesichter und Fohlenkauen können hier bestens studiert werden! Auch für die zurückgebliebenen Fohlen ist die Situation aufregend. Der erste Ausflug dauert etwa zehn Minuten. Fohlen, die sich vor lauter Nervosität nicht führen oder anhalten lassen, gehen nach dieser Zeit gerne wieder in die Box zurück. Coolere Fohlen genießen schon den ersten Ausflug auf die Stallgasse in vollen Zügen und würden gerne den ganzen Tag dort verbringen. Ihr Helfer unterstützt Sie, um das Fohlen gemeinsam mit Ihnen in Ruhe zurück in die Box zu schieben.

Was Sie brauchen Ein gut passendes Halfter, einen Führstrick und ein weiches Seil um den Hals, eine Schüssel mit Hafer und einen Helfer, der dafür sorgt, dass nicht die ganze Fohlenherde gemeinsam aus der Box herausschießt.

Wie Sie vorgehen Das Fohlen trägt ein Halfter und das weiche Seil um den Hals und wird an einem Strick aus der Box geführt. Möchte es seine kleine Herde nicht verlassen, lockt man es mit der Haferschüssel und schiebt eventuell zusätzlich von hinten. Manche Fohlen schießen sofort nach vorne, manche schauen sich das ganze Umfeld an. Unsere Aufgabe ist es, das Fohlen durch Abstreichen mit der Gerte und durch die Haferschüssel zu beruhigen. Wir passen uns dem individuellen Tempo der Fohlen auf unserem Weg über die Stallgasse an, halten sie ab und zu an und streichen sie immer wieder ab, bevor wir sie in die Box zurückbringen. Nach einigen Wiederholungen der Übung kann man beginnen, das Fohlen auf der Stallgasse anzuhalten, mit der Gerte abzustreichen, Hufe aufzunehmen etc. Rangniedrige Fohlen stehen auf der Stallgasse meist besser als in der Box.

1

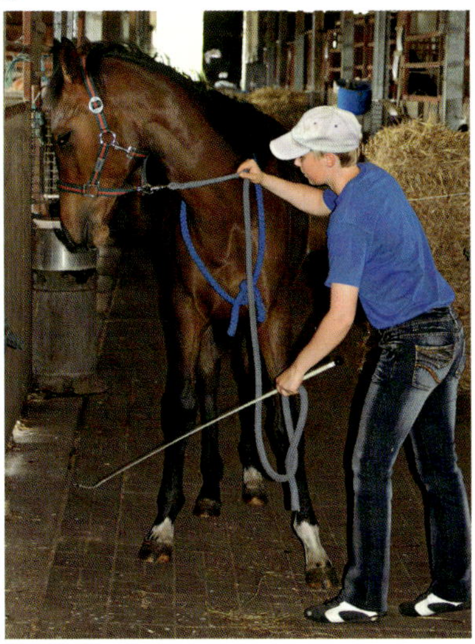

2

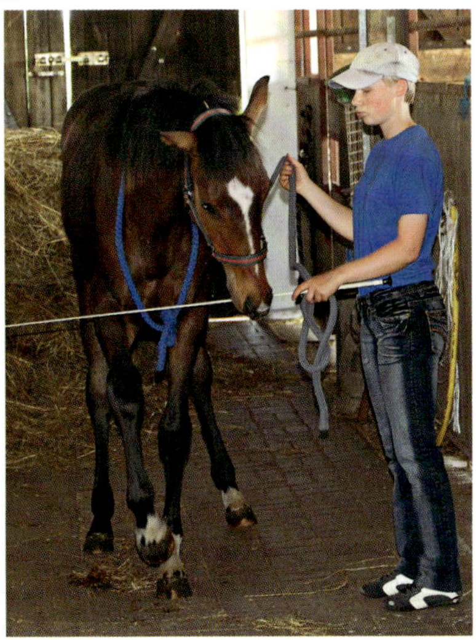

1 Marietta streicht die aufgeregte Starlight mit der Gerte ab.

2 Das Abstreichen zeigt Wirkung. Starlight senkt den Kopf und konzentriert sich auf Marietta.

Übung 5: Hufe geben

Bevor Sie das Geben der Hufe trainieren, gewöhnen Sie Ihr Fohlen zunächst durch ruhiges, gleichmäßiges Abstreichen mit der Gerte und der Hand an die Berührung seiner Vorder- und Hinterbeine und -hufe. Berühren oder massieren Sie die Beine gelegentlich auch dann, wenn Sie gar nicht vorhaben, den Huf aufzuheben.

Das Geben der Hufe ist ein großer Vertrauensbeweis für ein Fluchttier. Bleiben Sie beim Üben geduldig und erwarten Sie die gleiche Geduld auch von Ihrem Schmied. Verschieben Sie den Schmiedtermin, wenn Sie das Gefühl haben, Ihr Fohlen könnte durch das Absetzen, einen Stallwechsel oder eine neue Gruppenzusammensetzung noch zu nervös sein oder Ihr Schmied könnte versuchen, Ihr Fohlen mit Gewalt zu bearbeiten. Lassen Sie sich in diesem Fall einen pferdefreundlichen Schmied empfehlen!

Die Vorderhufe

Bevor Sie die Fohlenhufe hochheben, schauen Sie sich erst einmal an, wie Ihr Fohlen steht. Machen Sie es sich zur Gewohnheit, seinen Stand zu überprüfen, bevor Sie ihn zu verändern beginnen. Mehr über Balance und die Körperposition beim Stehen lesen Sie auf S. 46 und S. 150/151.

1

2

Aufmerksam verfolgt Universe, was Beate mit ihren Beinen vorhat. Das Abstreichen und die TTouches an den Beinen bereiten das Fohlen schon so gut auf das Geben der Hufe vor, dass sie bereits ihr Bein anhebt.

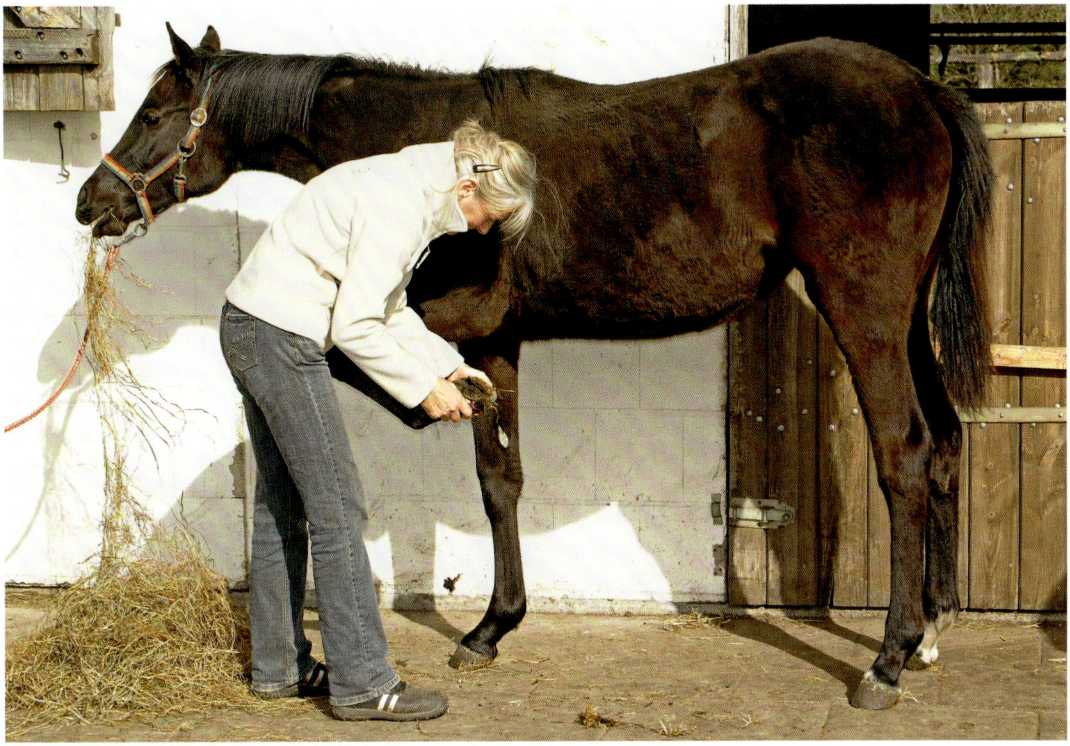

Hier kann Beate den Huf von Universe bereits „professionell“ aufheben, während das Fohlen gehalten wird und am Heu knabbert.

Um das Geben der Vorderhufe zu üben, stellen Sie sich mit dem Gesicht in Richtung Fohlenschweif. Streichen Sie an der Schulter des Fohlens entlang abwärts bis zum Huf. Achten Sie auf die Reaktionen des Fohlens. Bleibt es stehen? Wird es albern? Knuddelt es Ihre Jacke?

Umfassen Sie nun das Fesselgelenk des Fohlens und zupfen Sie daran. Dabei benutzen Sie das Signalwort, das Sie künftig immer beim Hufe geben benutzen möchten. Versteht Ihr Fohlen nicht, was Sie möchten, kratzen Sie an der Hinterseite des Röhrbeins aufwärts.

Eine kleine Gewichtsverlagerung des Fohlens genügt Ihnen fürs erste Üben. Beenden Sie die Übung mit Lob und Begeisterung. Schritt für Schritt wird Ihr Absetzer Ihnen auf diese Weise seine Vorderhufe für kurze Zeit überlassen.

Viele Pferdeleute raten, sich gegen das Pferd zu lehnen, damit es sein Bein hebt. Davon raten wir ab! Wenn Sie sich gegen den Absetzer lehnen, um seinen Huf aufzuheben, wird das Tier sein Gleichgewicht verlieren, sich unsicher fühlen und zappeln.

Beate kratzt den Huf von Universe aus und hält den Huf dabei schön tief. Das ist angenehmer für das junge Pferd.

Die Hinterhufe

Einige Absetzer sind wenig begeistert davon, ihre Hinterhufe zu geben. Es verunsichert sie und sie wehren sich. Gewöhnen Sie solche Tiere durch Abstreichen mit der Gerte an die Berührung der Hinterhand. Ein wenig Futter, von einer zweiten Person gereicht, kann sehr entspannend wirken. Auch ein Pferd kann nicht gleichzeitig kauen und die Luft anhalten! Halten Sie die Hufe zunächst nur kurze Zeit und setzen Sie sie möglichst ab, bevor Ihr Fohlen beginnt, den Huf wegzuzerren.

Gibt Ihr Absetzer beide Hufe gleich gut?

Vorbereitung auf den Schmied

Wichtig

Suchen Sie sich einen geduldigen Hufschmied, denn von den ersten Erfahrungen, die das Fohlen beim Schmied macht, hängt sein gesamtes weiteres Verhalten beim Schmied ab!

Was Sie wissen müssen Fehlstellungen kann man nur bis zu einem Alter von 18 Monaten korrigieren. Stellen Sie Ihr Fohlen daher in jedem Fall einem erfahrenen und geduldigen Schmied vor. Echte Fehlstellungen wie Bockhufe müssen von Anfang an intensiv korrigiert werden!

Zusätzlich zum Führen auf der Stallgasse wird das Fohlen angehalten und an Bewegungen und Geräusche gewöhnt, die auch der Schmied macht.

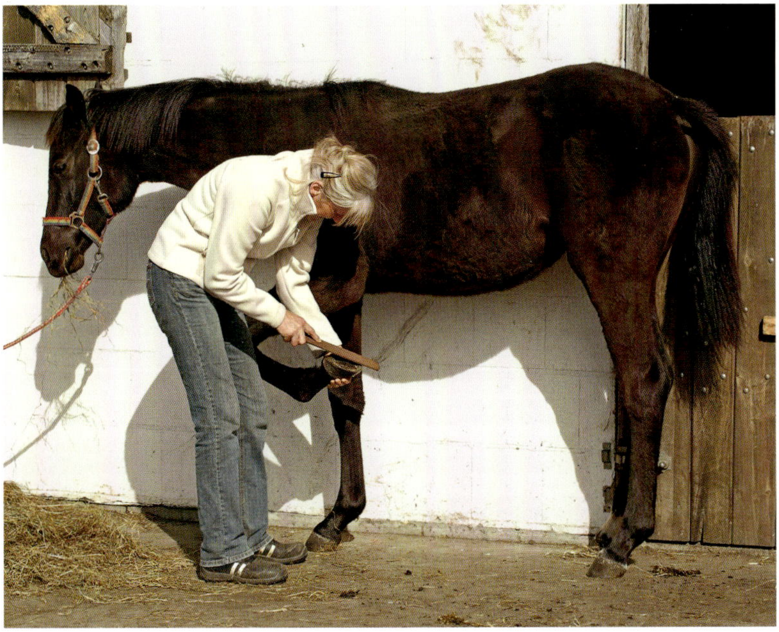

Zum Feilen des Hufhorns hält Beate den Vorderhuf von Universe bereits so hoch, wie es auch der Schmied tun würde. Die Ohren des Fohlens lauschen aufmerksam in die Richtung des Geschehens.

Geruchsempfindliche Absetzer

Vier Wochen nach dem Absetzen hatten wir einen Schmiedtermin vereinbart. Bis dahin waren alle abgesetzten Fohlen bereits einige Male allein auf der Stallgasse vor ihrer Box gewesen und wir hatten sie daran gewöhnt, dort ruhig zu stehen und sich an Beinen und Hufen anfassen zu lassen. Auch die Hufe gaben sie ordentlich. Als dann der Schmied kam, fühlten wir uns gut vorbereitet und holten das erste und vermeintlich coolste Fohlen aus der Box. Unser netter und geduldiger Schmied hielt ihm den Arm zum Beschnuppern hin. Das Fohlen bemerkte, dass es diesen Menschen noch nicht kannte und wurde extrem unruhig. Seine Hufe gab es nicht mehr, sondern reagierte vollkommen panisch. Diese Unruhe übertrug sich leider auf alle anderen Fohlen. Was war geschehen? Wir hatten nicht daran gedacht, die Fohlen an Menschen zu gewöhnen, die nicht nach unserem Stall riechen. Nachdem wir dies schleunigst nachgeholt hatten und auch der Schmied selbst einige Male zum Beschnuppern zu den Fohlen ging, wenn er ohnehin hier war, war auch das Beschneiden kein Problem mehr!

Als Jährling auf der Sommerweide

Haltung und Fütterung der Jährlinge

Alter:
12 bis 18 Monate

Mit dem Jahreswechsel werden die abgesetzten Fohlen als Jährlinge bezeichnet und gelten als einjährig, selbst wenn sie erst im Juli geboren sind.

Sobald das Wetter und die Vegetation es erlauben, kommen die Jährlinge von Mitte April bis etwa Mitte November auf großzügige, sicher eingezäunte Weiden ins frische Grün.

Spätestens nun werden Hengst- und Stutfohlen getrennt. Die Stuten können in einer gemischten Stutenherde mit Tieren jeden Alters laufen, die Hengste getrennt nach Alter in Hengstherden. Mischt man z. B. Jährlingshengste und Zweijährige, ist die Verletzungsgefahr hoch. Die spielerischen Hengstkämpfe sind sehr rau. Die Älteren sind größer und schwerer und können den Jüngeren leicht schwerwiegende Verletzungen der Wirbelsäule zufügen (vgl. S 98).

Dagegen kann ein ruhiger und friedlicher älterer Wallach gut mit von der Partie sein. Viele Züchter und Aufzüchter haben gute Erfahrungen damit gemacht, etwa einem ehemaligen Sportpferd als Gesellschafter in Junghengstherden eine verantwortungsvolle Aufgabe zu übertragen.

Die 29-jährige Stammstute Radschendra ist das ehemalige Oberhaupt der Stutenherde und noch immer von allen geachtet.

Für den Züchter beginnt nun eine entspannte Zeit, die Boxen sind leer, die Pferde fressen draußen. Zäune und die Tränken sind täglich zu kontrollieren und der Kontakt mit den Jährlingen ist weiterhin nötig. Tägliche Gesundheitskontrolle und gelegentliches Herausführen vor die Weide mit Sichtkontakt zu den anderen sind wichtig, um das bereits Erlernte zu festigen. Auch im Sommer müssen Wurmkuren verabreicht und Krankheiten oder Verletzungen behandelt oder Hufe bearbeitet werden.

Fütterung

Im Frühjahr wird strukturreiches, eiweißarmes Beifutter, wie zum Beispiel Stroh oder überjähriges Heu zugefüttert. Ab dem Spätsommer wird die Energiebilanz über das Zufüttern von Kraftfutter ausgeglichen.

Um gesundheitlichen Schäden vorzubeugen, werden Pferde gleich welchen Alters langsam, d. h. stundenweise angeweidet. Solange sie im Stall gehalten werden, fressen sie zusätzlich zum frischen Gras Kraftfutter und Raufutter. Es gilt folgende Regel: Raufutter morgens vor dem Austrieb, Kraftfutter abends nach dem Eintrieb.

Familienbande

In jedem Jahr ist es spannend, wie die unterschiedlichen Familienmitglieder sich in der Stutenherde wiederfinden. Hat zum Beispiel eine Zuchtstute in diesem Jahr kein Fohlen bei Fuß, so dauert es nur ein paar Tage, bis ihr Fohlen vom letzten Jahr zur Mutter findet. Es saugt zwar nicht mehr, ist aber wieder mit seiner Mutter zusammen. Etwas anders verhält es sich, wenn die Mutter wieder ein Fohlen bei Fuß hat. Dann muss sich die Jährlingsstute mit ihren Freundinnen zufriedengeben.

Wir haben z. B. eine Zuchtstute, die drei Jahre lang kein Fohlen führte. Sie ist die jüngste Tochter unserer inzwischen 29 Jahre alten Stammstute. Drei Jahre lang hat sie sich um ihre Mutter gekümmert. Sie hat sie bewacht und wich, wenn es in der Herde turbulent zuging nicht von ihrer Seite. In diesem Jahr nun hat sie selbst wieder ein Fohlen, das von zwei Stuten behütet wird: von seiner Mutter und seiner Großmutter.

Mutter und Tochter zufrieden bei der Fellpflege.

Altersgemäß entwickelte, gesunde Jährlinge dürfen gerne etwas rippig sein und sollten möglichst nicht zu proper aussehen!

Nach einer Anweidezeit von ca. 1 Woche können die Jährlinge bei milder Witterung Tag und Nacht auf den Weiden bleiben. In den ersten Frühjahrsmonaten ist der Energiebedarf durch das frische Weidegras gedeckt. In trockenen Jahren kann es vorkommen, dass die notwendige Versorgung an Energie und Eiweiß nicht ausreicht. Dann wird zugefüttert. Mineralfutter sollte eigentlich nach Bedarf gegeben werden. Bewährt haben sich der Einfachheit halber aber auch Mineralleckschüsseln. Ein Salzleckstein soll immer vorhanden sein. Bei unzureichender Mineralstoffversorgung benutzt der Organismus des unterversorgten Pferdes das Knochengerüst als Mineralstoffreservoir.

Wir raten dringend davon ab, eine intensive Aufzucht und frühe Nutzung anzustreben. Mastige Fütterung ist sehr risikoreich. Die Muskulatur kann hochgepusht werden, und das junge Tier sieht überproportional „fertig“ aus, ohne dass Skelett, Sehnen und Bänderapparat mithalten. Der Zusammenhang zwischen mastiger Fütterung und Gelenkchips ist nachgewiesen. Ein gleichmäßiges Wachstum während der gesamten Aufzuchtzeit ist tiergerechter und gesünder. Wer sein Pferd erfolgreich bei Körungen und Leistungsprüfungen vorstellen möchte, kommt andererseits nicht umhin, Weidezeiten, Fütterung und Training an die allgemein übliche Vorgehensweise anzupassen. Trotzdem ist es möglich, dem Pferd genügend freie Bewegung in Paddocks zu gewähren und Fütterung und Training nicht zu übertreiben.

Die Geschlechtsreife

Hengstfohlen werden im Alter von 12 – 20 Monaten geschlechtsreif, Stuten im Alter von 12 – 18 Monaten. Dies sind allerdings nur durchschnittliche Erfahrungswerte. Die biologische Geschlechtsreife, also der Zeitpunkt, ab dem ein Pferd sich fortpflanzen kann, wird von der Zuchtreife unterschieden. Damit bezeichnet man den Zeitpunkt, ab dem ein Pferd sich fortpflanzen darf. Für echte Wildpferde hat die Zuchtreife daher keine Bedeutung.

Bei Hauspferden wird die Zuchtreife vom Züchter bestimmt. Die Stuten verantwortungsvoller Züchter werden nicht vor dem dritten Lebensjahr gedeckt. Hengste decken in der Regel das erste Mal nach der Körung im folgenden Frühjahr, also auch, wenn sie dreijährig sind.

Im Gestüt Heidekaten werden die Fohlen zusammen aufgezogen. Wir hoffen, dass Hengste und Stuten sich bis zum Weideaustrieb wie echte Fohlen benehmen, ohne, dass ihnen die Hormone dazwischenkommen. Wenn nur ein frühreifes Hengstchen dabei ist, müssen die Tiere nach Geschlechtern getrennt werden.

Wir hatten in einem Jahrgang mit 7 Stut- und nur einem Hengstfohlen einen wirklich frühreifen jungen Hengst. Im Alter von 10 Monaten fing er an, seine Freundinnen zu besteigen. Die entsprechenden

Stutfohlen waren zum Teil bereits über zwölf Monate alt und hatten auch schon sichtbar gerosst. Daher mussten wir Stuten und Hengst trennen. Wir haben zwei weitere gleichaltrige Hengste aufgenommen, mit denen der junge Hengst dann aufgewachsen ist.

Die jungen Hengste sind nicht zwangsläufig zeugungsfähig, wenn sie in der Lage sind, zu decken. Es kann also sein, dass sie eine Stute decken, ohne dass die Stute tragend wird. Doch auch ein solcher „unfruchtbarer" Deckakt bringt viel Stress, Unruhe und Verletzungsgefahr für die Herde mit sich. Die jungen Stuten schlagen nach dem Hengst, die Pferde nehmen ab, weil sie nicht mehr in Ruhe fressen. In der Natur würde der Althengst keinen Jährling decken lassen. Wir sollten das auch nicht tun!

Sollte es zu einem wirklichen Deckakt kommen und die Jungstute mit einem oder zwei Jahren trächtig sein, ist sie in der Trächtigkeit genauestens zu beobachten und besonders fürsorglich zu versorgen. Das Abfohlen selbst sollte dann in einer Klinik stattfinden. Die noch nicht ausgereiften Beckenorgane und Geburtswege können während der Geburt leicht verletzt werden und es kann sowohl zu inneren Blutungen als auch zu Quetschungen und Schäden am Plexus lumbosacralis kommen, so dass die Stute nach der Geburt nicht aufstehen kann.

Die Harmonie einer intakten, natürlich gewachsenen Stutenherde wirkt sich auch auf die Menschen aus, die mit den Pferden umgehen oder sie sogar nur betrachten.

Junghengste brauchen einander, um zu spielen. Steigen, Beißen, Rennen und Rempeln gehören zu ihrem täglichen Stundenplan …

Umgang mit dem Junghengst

Falls Sie im Besitz eines kleinen Hengstes sind, kommen Sie nicht umhin, sich mit den folgenden Themen auseinanderzusetzen. Kneifen, steigen und spielerisch kämpfen gehören nun einmal zum Alltag eines kleinen Hengstes und sind für ihn natürliche Verhaltensweisen.

Hilfe, er rempelt und kneift

Für junge Hengste ist es völlig normal zu zwicken, zu steigen und zu rempeln. Diese hengstgemäßen Tätigkeiten üben sie jeden Tag einige Stunden lang. Schwierig wird es, wenn sie beginnen, an uns zu üben. Tun sie dies, weil ihnen ein gleichgeschlechtlicher Altersgenosse fehlt, heißt das zwingend, dass mindestens ein anderer Hengst her muss. Wachsen sie aber bereits zusammen mit anderen Hengsten auf, müssen sie lernen, dass Menschen keine geeigneten Partner für Hengstspiele sind.

Häufig wird als Erziehungsmethode der Schlag ins Gesicht eingesetzt. Davon möchten wir Ihnen dringend abraten! Ihr Hengst fordert Sie mit seinem Kneifen oder Rempeln zum Spielen auf. Wenn Sie ihn dafür strafen, verlieren Sie sein Vertrauen. Wir schieben den Kopf des Kneifers kommentarlos oder mit einem liebevollen „Lass das“ zur Seite. Nach ein paar Wiederholungen versteht das jeder Junghengst.

Hilfe, er steigt oder schlägt

Auch das Steigen gehört zum natürlichen Spielverhalten von Hengsten. Gesunde und lebenslustige Junghengste steigen einfach ab und zu. Drehen Sie Ihrem Junghengst nicht den Rücken zu, denn das kann bei ihm den Impuls zum Steigen auslösen. Beim Loslassen auf der Weide: Drehen Sie den Kopf des jungen Tieres immer zu sich hin, so dass sein Hinterteil von Ihnen weg zeigt, bevor Sie ihn vom Strick lösen.

Treten Sie ein paar Schritte zurück, wenn ein Junghengst vor Ihnen steigt. Raunzen Sie ihn ruhig an, so dass er versteht, dass Sie sein Verhalten unpassend finden. Auch Ihre Körpersprache darf zeigen, dass Sie ungehalten sind: Richten Sie sich auf, während Sie schimpfen!

Junghengste schlagen häufig nacheinander, aber auch nach dem Menschen aus. Auch hier empfehlen wir Ihnen, den Hengst mit Worten zu strafen, statt mit Klapsen oder gar Schlägen. So helfen Sie ihm, sein Verhalten zu sortieren, ohne sein Vertrauen zu Ihnen zu verlieren.

... und trainieren nebenbei Kraft, Geschicklichkeit, Koordination und Ausdauer.

Weideverletzungen in altersgemischten Hengstherden

Durch das Ungleichgewicht der Kräfte und die immer wieder neu strukturierte Rangordnung kommt es zu heftigen Hengstspielen. Die dem Laien bekannte Verletzungsfolge ist die Ataxie, in diesem Falle ausgelöst durch die Blockade des 2. und/oder des 5. Halswirbels. Bei einer Ataxie ist diese Blockade so heftig, dass das Rückenmark gequetscht wird. Folge: Unkoordinierter Bewegungsablauf. Wenn der Schlag eines kräftigeren Hengstes unglücklich das Schulterblatt oder die Hüfte trifft, kann es hier zu Knochenbrüchen kommen.

Manchmal beobachtet man nach einem Gerangel, dass ein Hengst nur noch auf drei Beinen steht und ein Vorderbein hinterherschleift. Man spricht von einer Fallhand. Hier ist ein Nerv an der Schulter durch Schlag getroffen worden. Kleinere Verletzungen durch Tritte und Überbeine oder Chips sind nicht so dramatisch, wenn sie nicht einen Sehnenverlauf oder eine Gelenkfunktion beeinträchtigen. Alle anderen Blockademöglichkeiten, wie beim Führen und Anbinden auf S. 48 beschrieben, können auch auf der Koppel passieren.

Gina Seydel, Physiotherapeutin, Pferde-Osteopathin (DIPO)

Die Kastration

Wir empfehlen, die jungen Hengste erst kastrieren zu lassen, wenn sie mindestens eineinhalb Jahre alt sind. In kleineren Beständen ist es allerdings oft nicht möglich, auch kleine Hengstherden zu halten. In diesem Fall wäre es eine gute Möglichkeit, das Hengstfohlen in eine andere Aufzuchtstätte zu geben, wo es in einer Junghengstgruppe aufwachsen kann. Sehen Sie sich am besten verschiedene Aufzuchtstätten an und wählen Sie die pferdefreundlichste aus. (S. 61)

Generell kastriert man entweder im Frühjahr oder im Herbst, wenn die Nächte kühler sind und der Insektenflug nachgelassen hat. Wirklich frostig kalt oder gar stürmisch und regnerisch sollte es aber nicht sein. Die Bedingungen auf der Weide sind wesentlich steriler als im Stall. Durch die ständige Bewegung auf der Weide kann das Wundsekret gut ablaufen. Allerdings ist das Futterangebot ein Problem. Da die Pferde eine Vollnarkose bekommen, sollten sie eigentlich nüchtern sein. Wenn man dem Tier keinen Maulkorb anlegen möchte, um es nicht aufzuregen, kann man es zumindest auf einer relativ abgefressenen Weide kastrieren lassen.

Mehr über Hengste ab S. 122.

Homöopathie-Tipps zur Kastration

Das Wundheilmittel Nummer eins, Arnica, können Sie in einer Hochpotenz von C 200 am ersten Tag mehrmals oder stündlich, dann drei Tage lang drei Mal täglich, dann täglich, bis die Wunde gut verheilt ist, geben.

Bellis perennis kann bei komplizierteren Kastrationen oder wenn ein Bauchhoden entfernt werden musste, statt Arnica in gleicher Dosierung gegeben werden.

Bei Wundheilungsstörungen geben Sie Silicea C 30, bei Schwellungen im Bauchbereich Apis C 30 jeweils zwei Mal täglich bis Besserung eintritt.

Gemischte Herde mit Jährlingen

Auch im Sommer sollte Ihr Pferd täglich besucht und kontrolliert werden. Da es ja bereits damit vertraut ist, allein auf die Stallgasse geführt zu werden, spricht auch nichts dagegen, wenn Sie im kleinen Paddock vor seiner Wiese mit ihm arbeiten. Hier können Berührungen und leichte Bodenarbeit etwa ein Mal wöchentlich zur Konsolidierung des bereits Gelernten geübt werden. Wenn es ganz aus der Gruppe herausgenommen wird, ohne Sichtkontakt und Nähe zu den Anderen zu haben, ist es nahezu unmöglich, mit dem aufgeregten Tier erfolgreich zu arbeiten. Heben Sie sich diesen Trainingsschritt für den nächsten Sommer auf. Er bringt unnötige Unruhe in die Dynamik der Herde. Abgesehen vom Verletzungsrisiko verbindet Ihr Pferd Ihren Kontakt und sein Training mit Stress und Unruhe. Das halten wir für wenig wünschenswert.

Über den Sommer ist die Herde das wichtigste Lernfeld Ihres Jährlings!

In der Herde

Bienenhalter bezeichnen Bienen eines Volkes häufig insgesamt als „den Bien“. Auch eine Pferdeherde lässt sich so betrachten, als sei sie ein einziger Organismus. Jedes Pferd hat darin seinen Platz und seine Funktion und es gibt ein Geflecht von Beziehungen aller zu allen. Ist die Rangordnung erst einmal abgeklärt, funktioniert die Herde störungsfrei. Sie hat ihre Gesetzmäßigkeiten, Spiel- und Ruhephasen, ihre Lieblingsplätze fürs Dösen. Auf Wetterwechsel, Tages- und Jahresrhythmen, Unruhe, Krankheit, Geburt oder Tod reagiert jedes einzelne Pferd, aber es reagiert auch die Herde als Ganzes. Modernen Menschen fehlt häufig das Gespür für den Organismus Herde. Wir sehen nur das einzelne Pferd. Unser Pferd, mit dem wir vielleicht gerade einige Übungen machen möchten, das aber gerade unmittelbar nach einem Weidewechsel mit der ganzen Herde hin und her galoppiert. Ein Gefühl für die Herde zu entwickeln, kann für uns eine Herausforderung sein. Für unser Pferd jedoch ist die Herde lebensnotwenig.

Vom Jährling zum Zweijährigen

Haltung und Fütterung

Alter:
18 bis 24 Monate

Im Herbst werden die Jährlinge wieder aufgestallt. Der Zeitpunkt hängt von der Witterung ab. Am besten ist auch für Zweijährige die Haltung in Laufställen mit angegliedertem Außenpaddock und Winterweide, so dass genügend frische Luft, Licht, Geselligkeit und Bewegung gewährleistet sind. Auch bei anderen Haltungsformen brauchen die Zweijährigen, wie alle Pferde, täglich mehrstündigen freien Auslauf in der Gruppe. (vgl. S. 65) Ebenso wichtig ist der tägliche vertrauensvolle Kontakt mit den Menschen, die sie versorgen.

Zum Alltag der Pferde gehören nun Übungen, die das schon Erlernte festigen und im Vergleich zum ersten Winter allmählich anspruchsvoller werden. Eine Übung, die sich problemlos in den Alltag integrieren lässt, ist das tägliche Führen zum Paddock und wieder zurück. Dabei üben Sie das Aufhalftern, das Befestigen des Stricks am Halfter, das höfliche Warten bis das Weidetor geöffnet ist. Führen Sie abwechselnd von links und von rechts.

Die Futterration besteht vorwiegend aus gutem Heu, Grassilage und einer Kraftfutterergänzung. Die Hauptwachstumsphase hat das Fohlen bereits hinter sich und die Menge an Fohlenaufzuchtfutter kann verringert werden.

Das Futter ist auf mindestens 3 Portionen pro Tag zu verteilen.

Zwei Beispielrationen

in kg/Tag für Jährlinge zwischen 18 und 24 Monaten, mittelgroße Rassen, Gewicht ca. 400 KM nach Meyer/Coenen. KM bedeutet Körpermasse in kg.

Heu, 1. Schnitt	3,5 kg	2 kg
Anwelksilage		5 kg
Weizenstroh	1,5 kg	
Futterrüben	4 kg	
Hafer gequetscht	1,2 kg	2 kg
Ergänzungsfutter für Fohlen	1,5 kg	1 kg

Die in der Tabelle genannten Tagesrationen sind auf 3 Portionen aufzuteilen.

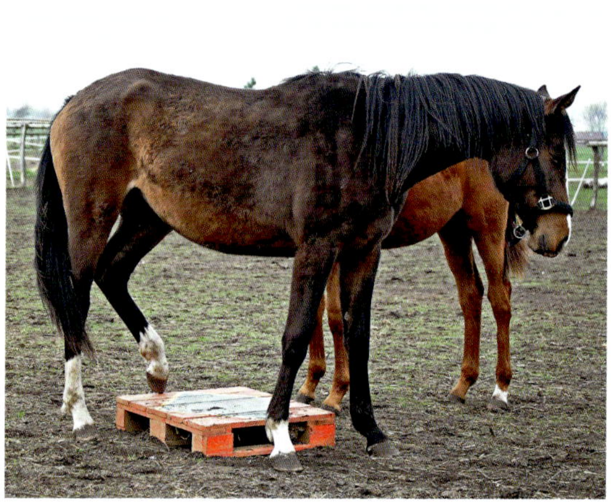

Gemeinsames Erkunden sicherer Spielgeräte, wie hier der mit Fußbodenbrettern verstärkten Palette.

Wie lernen Pferde?

Pferde lernen auf vielfältige Weise. Am aufnahmefähigsten und offen für Neues sind sie in der Gemeinschaft mit erfahrenen Artgenossen. Dort fühlen sie sich sicher und können ohne Stress beobachten und durch Zusehen lernen.

Gut aufgepasst

Mit meinem 10-jährigen Traber Manolo übte ich das Kompliment frei auf der Wiese zwischen den anderen Pferden. Eines Tages, ich wollte Manolo gerade für besonders langes Verharren im Kompliment belohnen, sah ich neben Manolos Kopf noch ein zweites aufgesperrtes Maul. Unser damals zweijähriger Trakehner Kofi hatte die Unterrichtseinheiten aufmerksam verfolgt und war direkt neben Manolo ins Kompliment gegangen. Nun forderte er zu Recht seine Belohnung!

Doch Vorsicht: Pferde beobachten nicht nur die erwünschten Lernerfolge. Unser junger Haflinger Shoshoni übernahm von seinem Freund Kofi den Widerwillen, auf einer bestimmten Strecke ins Moor zu reiten. Kofi hatte sich dort erschrocken, als in Sichtweite eine riesige Pappel gefällt wurde. Shoshoni hatte dies zwar nicht miterlebt, aber er verstand, dass es im Moor irgendwie gruselig war und man dort besser nicht hinging.

Lernen durch Nachahmung

Bereits kleine Fohlen lernen durch das Beobachten des Verhaltens anderer Pferde. Diese Form des Lernens hört nie auf. Sie können sie nutzen, indem Sie erfahrene Pferde zusammen mit „grünen" Pferden in der Bodenarbeit, beim Hängertraining oder beim Spazierengehen als Trainingspartner einsetzen. Achten Sie darauf, dass diese alten Hasen auch wirklich so sicher und unerschrocken sind, wie Sie es sich von Ihrem eigenen Pferd wünschen, denn Ihr Pferd übernimmt nicht nur gelassenes Verhalten.

Lernen durch positive Bestärkung

Viele Hunde- und zunehmend auch Pferdetrainer arbeiten mit Futterlob oder bewusst eingesetzter positiver Verstärkung. Außer Futter können auch Pausen, Freilauf, eine besonders geliebte Lektion, angenehme Berührungen oder das Beenden der Arbeit als positive Verstärkung dienen. Im Training von Zirkuspferden wurde Futter schon immer als Lernhilfe eingesetzt. Das äußerst effektive Clickertraining geht auf die Amerikanerin Karen Pryor zurück, die es für die Arbeit mit Delfinen entwickelte. Futterlob wirkt auf Pferde sehr motivierend und schult

Interessiert beobachtet Rhapsody, wie Marietta ihrer Freundin ein Halfter anzieht. Pandsy bleibt entspannt. Nun verbindet auch Rhapsody mit dem Aufhalftern nichts Bedrohliches.

Eine Pause, etwas Futter, das Abstreichen mit der Gerte, ein sanftes Streicheln zwischen den Ganaschen oder das Kraulen der Mähne – loben kann man nie genug.

unser Auge sowohl für das Zerlegen von Aufgaben als auch für kleine Fortschritte, die es jeweils zu bestärken gilt, enorm. Wir setzen Futter für die Kleinen als Beruhigung, für ältere Pferde zur Beschleunigung des Lernprozesses ein. Lassen Sie sich am besten von einem erfahrenen Clickerspezialisten in diese vergnügliche und empfehlenswerte Methode einweisen.

Anspruchsvollere Bodenarbeit

In den folgenden Übungen, die Sie mit Ihrem Jungpferd machen, wird das bisher Gelernte gefestigt und der Schwierigkeitsgrad so langsam ein wenig gesteigert. Es sind nach wie vor Übungen, die die Kommunikation zwischen Ihnen und Ihrem Pferd schulen. Auch ein gutes Körpergefühl wird jetzt spielerisch trainiert.

Übung 1: Anhalten

Ziel Basisübung. Die Kommunikation zwischen Mensch und Pferd wird verfeinert, das Pferd lernt, sich auf den Menschen zu konzentrieren und seine Impulse zu kontrollieren.

Wie Sie vorgehen Um Ihr Jungpferd anzuhalten, korrigieren Sie zunächst Ihre Körperposition, wenn nötig. Sie sollten sich deutlich vor dem Auge des Pferdes befinden. Zupfen Sie dann am Strick, führen Sie die Gerte vor die Brust oder die Nase des Pferdes und geben Sie ein

Gemeinsam geht es zu einer kurzen Übungseinheit.

Wortsignal. Laufen Sie dann jedoch weiter, bis Ihr Pferd anhält. Wenn Sie gleich nach Ihrem „Brrrt" oder „Haaalt" stehen bleiben, geraten Sie hinter das Auge des Pferdes. In den meisten Fällen geht das Pferd dann in einer kleinen Kurve nach links um Sie herum, bevor es steht. Besser ist es, „Brrrt" oder „Haaalt" zu sagen, und dann innerlich einundzwanzig, zweiundzwanzig zu zählen, bevor man in Ruhe anhält. Beim Jungpferd müssen Sie vielleicht sogar noch ein wenig weiterzählen! Vergessen Sie nicht, Ihr junges Pferd bereits zu loben, wenn es im Ansatz reagiert. Ein zögerndes Verlangsamen zum Beispiel sollte bei Ihnen schon Begeisterung auslösen.

Denken Sie daran, von beiden Seiten zu üben.

Die Bodenarbeit darf nun schon etwas anspruchsvoller sein. Hier: Anhalten im Stangendreieck.

Schrittweise führt Beate Prinzess aus dem Dreieck heraus und hält sie dabei immer wieder an. Prinzess macht toll mit!

Übung 2: Stehenbleiben

Ziel Basisübung in der Grundausbildung. Das Pferd lernt, sich zu kontrollieren. Sein inneres und äußeres Gleichgewicht und seine Geduld werden verbessert. Der Mensch lernt, zu fühlen, wann das Pferd antreten möchte und kommt dem Pferd mit seinem Kommando zum Antreten zuvor.

Was Sie brauchen Ein gut sitzendes Halfter, Strick mit Panikhaken, Gerte, evtl. Pylonen, Stangen, Schaumstoffschläuche

Was Sie wissen müssen Sie können hier viel über den Charakter und das Temperament Ihres Jährlings lernen. Manchem fällt es leicht, stehen zu bleiben, ein anderer hält es höchstens zehn Sekunden aus, sich nicht zu bewegen. Passen Sie sich dem Temperament Ihres Pferdes an und behalten Sie Ihr Ziel trotzdem im Auge.

Wie Sie vorgehen Sie üben in bekannter Umgebung, zum Beispiel auf der Stallgasse. Sie geben ein Signal zum Anhalten, das Pferd hält an. Nun geben Sie das Kommando zum Stehen bleiben, zum Beispiel „Steh“. Sie streichen es mit der Gerte ab. Während das Pferd steht, können Sie es überall berühren, Hufe hochnehmen, putzen. Am Ende loben Sie Ihr Pferd und lassen es antreten, bevor es von selbst losgeht.

Folgeübung Wenn die Übung auf der Stallgasse gut klappt, kann sie auch – jedoch immer in Pferdegesellschaft – im abgegrenzten Terrain der Reithalle oder des Platzes gemacht werden. Durch die Begrenzung von Stangen, Pylonen oder Schaumstoffschläuchen fällt es dem Jährling leichter, stehen zu bleiben. Das Stillstehen auf S. 135 ist eine weitergehende Übung.

Denken Sie daran, von beiden Seiten zu üben.

Übung 3: Antreten

Ziel Basisübung. Das Pferd lernt sich zu konzentrieren und auf unsere kleinen Zeichen zu reagieren. Die Übung fördert das Balancegefühl.

Was Sie wissen müssen Lassen Sie Ihr Pferd antreten, bevor es sich selbst dazu entschließt, loszulaufen. Unausbalancierte Jungpferde, die viel Gewicht auf der Vorhand haben, neigen dazu, schnell loszulaufen.

Was Sie brauchen Gut sitzendes Halfter, Strick mit Panikhaken, Gerte

Das Labyrinth aus zwei ineinandergelegten U's oder F's aus sechs bis acht Stangen. Nach jeder Wendung wird das Pferd darin angehalten.

Wie Sie vorgehen Achten Sie darauf, zu agieren und nicht zu reagieren. Wenn Sie also den Eindruck haben, dass Ihr Jährling nicht mehr stehen bleibt, sondern gleich losläuft, geben Sie ein Kommando zum Antreten (zum Beispiel „Scheeritt"), ein vorwärtszeigendes Zeichen mit der Gerte und gehen betont los. Haben Sie einen eher verhaltenen Jährling, zupfen Sie zusätzlich am Führstrick nach vorn und ticken ihn leicht und aufmunternd mit der Gerte an der Kruppe an. Die Pferde sollen lernen, auf feinste Zeichen zu reagieren.

Denken Sie daran, von beiden Seiten zu üben.

Übung 4: Wendungen

Ziel Eine Wendung nach außen ist eine wunderbare Möglichkeit, erstarrte Pferde wieder in Bewegung zu bringen. Darüber hinaus schulen Wendungen Körpergefühl, Gleichgewicht und die Kommunikation zwischen Mensch und Pferd und lösen Spannungen.

Wendung mit anschließendem Anhalten im Labyrinth. Carefully ist konzentriert bei der Sache.

Was Sie wissen müssen Stürmende Pferde lassen sich durch Wendungen nach innen oder durch Schlangenlinien regulieren, wenn man keine Bodenhindernisse in erreichbarer Nähe hat. Achten Sie darauf, immer vor der Schulter des Pferdes zu bleiben. Wenden Sie nicht schon im Stehen ab, sondern führen Sie zunächst geradeaus an.

Was Sie brauchen Ein gut sitzendes Halfter, Strick mit Panikhaken, Gerte. Vorgegebene Bodenhindernisse aus Schaumstoffschläuchen oder Stangen erleichtern diese Lektion.

Wie Sie vorgehen Geben Sie ein Zeichen zum Antreten und wenden nach einigen Schritten auf der Geraden nach innen oder außen ab. Geben Sie dazu eine Hilfe durch das Zusammenspiel von Körperhaltung, Gertensignal und Zupfen am Halfter. Ihr Bauchnabel zeigt dabei in die Richtung, in die Sie sich und das Pferd bewegen wollen. Fassen Sie den Strick dazu kurz. Unterstützend können Sie die Wendung nach außen auch über den Kopf des Pferdes einleiten, indem Sie leicht an die Pferdebacke drücken. Dadurch biegt sich das Pferd besser in die Wendung.

Denken Sie daran, auch bei Wendungen von beiden Seiten zu führen.

Übung 5: Rückwärtsgehen

Ziel Basisübung in der Grundausbildung, wichtig fürs Verladetraining, verbessert Aufmerksamkeit und Gleichgewicht des Pferdes.

Was Sie wissen müssen Um rückwärtsgehen zu können, muss Ihr Jährling mehr Gewicht nach hinten verlagern. Dazu muss er den Kopf etwas anheben, sollte ihn aber nicht hochreißen. Die Fußfolge ist flüssig und diagonal. Verspanntes Rückwärtsgehen, hektisches Rückwärtsgehen als Strafmaßnahme ist nicht unser Ziel.

Wie Sie vorgehen Stellen Sie sich seitlich vor Ihren Jährling und tippen Sie mit dem dicken Ende der Gerte oder mit den Fingerkuppen an seine Brust oberhalb des Buggelenkes. Geben Sie ein Kommando („zu-rück“) und gehen Sie auf Ihr Pferd zu. Sollte dies nicht ausreichen, schieben Sie den Kleinen mit der Hand am Nasenband des Halfters oder an der

Rückwärtsgehen mögen die meisten jungen Pferde nicht. Universe mault zunächst.

Brust nach hinten. Belohnen Sie bereits den Ansatz der Gewichtsverlagerung nach hinten mit Lob und einer Pause. Vorbereitende Fuß- und Beinarbeit, zum Beispiel durch Abstreichen und leichte Massagen helfen unterstützend.

Übung 6: Neben, zwischen und über Plastikplanen

Ziel Die Übung ist vertrauensbildend, gewöhnt Ihr Pferd an unterschiedliche Untergründe und lehrt Mensch und Pferd, auf die Körpersprache des anderen zu achten. Sie bereitet auch aufs Hängerfahren vor.

Was Sie wissen müssen Manche Pferde gehen zuerst ruhig über die Plane und erschrecken sich erst nach einigen Malen. Bleiben Sie also immer seitlich vor dem Pferd und gehen Sie wenn nötig wieder einige Schritte zurück. Die unten beschriebenen Schritte können manche Pferde einen Tag, die meisten Pferde verschiedene Tage bis Wochen beschäftigen. Geben Sie sich mit kleinen Erfolgen zufrieden! Zerlegen Sie die Übung in möglichst viele Einzelteile, so dass Ihr junger Schüler bei jedem Schritt so mutig und erfolgreich wie möglich sein kann.

Schließlich lässt sie sich aber doch überreden. Ein kleiner Schritt genügt und wird mit viel Begeisterung und dem Ende der Übung belohnt.

Wie Sie vorgehen Legen Sie zwei Plastikplanen V-förmig mit weitem Abstand zueinander aus. Führen Sie außen an den Planen vorbei, kehren Sie um und wiederholen Sie diesen Schritt, so dass Ihr Pferd die Plane mit beiden Augen gesehen hat. Dann wechseln Sie selbst die

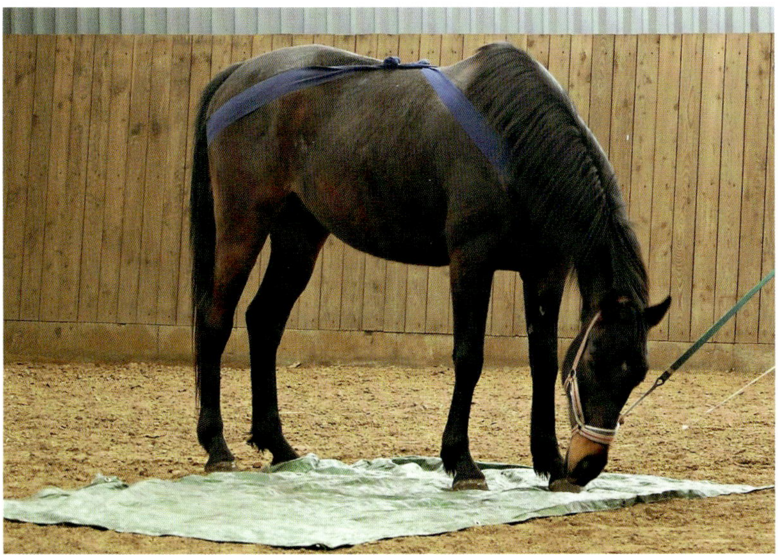

Auf der Plastikplane hat Hero viel Luft an der Leine, um die Plane ausgiebig beriechen zu können. Beachten Sie, wie ausbalanciert „mit einem Bein an jeder Ecke" er steht. Durch geduldige Vorarbeit zwischen den Planen ist er entspannt.

Seite und wiederholen diesen Schritt noch einmal. Ist Ihr Pferd entspannt, führen Sie in beide Richtungen und von beiden Seiten zwischen den Planen hindurch. Als Nächstes laufen Sie selbst über die Plane, Ihr Pferd jedoch nicht. So kann es sich an das Geräusch gewöhnen. Dann legen Sie die Planen etwas enger V-förmig aus. Führen Sie vom weiten Ende hinein, so wirkt das Hindernis einladender. Verringern Sie den Abstand zwischen den Planen peu à peu und laufen Sie weiterhin über die Plane, Ihr Pferd jedoch nicht. Bleiben Sie seit-lich vor Ihrem Pferd, da es häufig vorkommt, dass sich ein zunächst ruhiges Pferd doch irgendwann mit einem Satz aus der Welt der Planen retten will.

Als nächsten Schritt lassen Sie Ihr Pferd die Plane untersuchen. Es wird daran riechen, darauf herumhauen und die Plane vielleicht auch ins Maul nehmen. Jugend forscht! Fordern Sie es dann dazu auf, die Plane zu betreten und zu überqueren. Bieten Sie den nächsten Schritt immer erst dann an, wenn Ihr Pferd den vorigen Schritt entspannt bewältigt hat.

Wird Ihr zunächst mutiges Pferd immer widerwilliger, waren Sie zu schnell und es ist Zeit für eine andere Übung oder für Feierabend. Wenn Sie nach einer mehrtägigen Pause wieder von vorne anfangen (Schritt eins), hat sich der Widerwille meist gelegt.

Universe stampft sowieso gerne mit dem Bein auf. Hier testet sie, ob die Palette auch wirklich stabil und ungefährlich ist.

Übung 7: Postament

Ziel Die Übung ist vertrauensbildend und bereitet Ihr Pferd aufs Hängertraining vor.

Was Sie brauchen Sie brauchen ein stabiles Postament, zum Beispiel eine mit Fußbrettern verstärkte Holzpalette, eine Gerte, ein Führseil und ein gut sitzendes Halfter.

Was Sie wissen müssen Lassen Sie Ihr Pferd immer rückwärts vom Postament treten und achten Sie darauf, dass es nicht in einem großen Schritt die „Kiste" überquert. Ihr Pferd sollte bereits das Kommando fürs Rückwärtsgehen kennen.

Wie Sie vorgehen Stellen Sie Ihr Jungpferd mit etwas Abstand vor das Postament. Sie selbst stehen seitlich vor dem Pferd. Erlauben Sie Ihrem Pferd, das Postament zu beriechen und mit dem Huf zu untersuchen. Fürs Erste reicht das. Viele Pferde sind aber unternehmungslustig und neugierig genug, um auf das Postament zu treten. Sichern Sie es in diesem Fall mit dem Fuß. Lassen Sie es eine Weile stehen und führen Sie es rückwärts wieder hinunter.

Mutig stellt sich die Jährlingsstute aufs Postament. Begeisterung, Futter und eine Pause sind ihr sicher!

Bodenarbeit

Bereiten Sie Ihre kurzen Übungseinheiten gut vor. Verabreden Sie sich mit mindestens einem anderen Menschen und seinem jungen oder erwachsenen Pferd. Überlegen Sie sich, welche Übungen sinnvoll und machbar sind, planen Sie den Ablauf und bauen Sie die Bodenhindernisse auf, bevor Sie die Jährlinge holen. Auch Futterschüsseln sollten bereitstehen. So können Sie so entspannt wie möglich konzentrierte und erfolgreiche zehn Minuten mit Ihrem Jungpferd arbeiten. Sie werden überrascht sein, wie schnell und nachhaltig diese kurzen Lernerfahrungen Früchte tragen!

1

Futter motiviert und beruhigt.

3

Erkunden des Bodenhindernisses an langer Leine.

2

Schnell kann jeder. Langsames Schreiten fördert das Balancegefühl.

4

Konzentriert auf gebogener Linie.

5

Auch „Anfassen" und Beriechen ist erlaubt!

Verladetraining

Zunächst findet das Hängertraining ganz ohne Hänger an einer Holzbrücke statt. Seitliche Begrenzungen aus Sprungständern und Stangen simulieren die engen Hängerwände. Hat das Pferd gelernt, entspannt auf die Brücke und rückwärts wieder hinunter zu gehen, übt man am besten zu zweit am Hänger. Die Hängertrennwand wird komplett aus dem Hänger entfernt und die vordere Türe aufgelassen.

Führen Sie Ihr Pferd rund um den Hänger, auch in Volten und Achten und legen Sie dabei viele Pausen ein.

Führen Sie das Pferd an die Rampe heran, streichen Sie die Beine mit der Gerte ab, während ein Helfer dem Pferd eine gefüllte Haferschüssel hinhält. Setzt das Pferd den ersten Huf auf die Rampe, wird es gelobt, gefüttert und zurückgeschoben. Diesen Prozess üben Sie mehrmals: Huf auf die Rampe, loben, füttern, zurückschieben.

Wenn man keinen Zeitdruck hat, kann man diese Übung täglich wiederholen, bis das Pferd ganz auf dem Hänger steht. Steht das Pferd ruhig auf dem Hänger, wird es in aller Ruhe wieder zurückgeschoben, bevor es selbst beschließt, zurückzuschießen. Beenden Sie die Übung immer mit einem positiven Erlebnis für das Pferd (und auch für Sie).

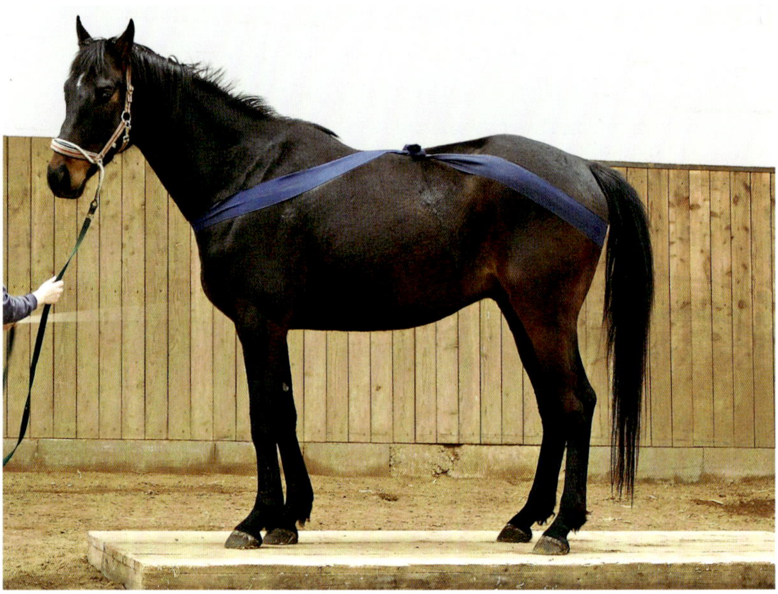

Körperbandagen und das häufige Abstreichen mit der Gerte helfen dem Pferd, sich sicher zu fühlen. Hier: Hero auf der Brücke noch ohne seitliche Begrenzung.

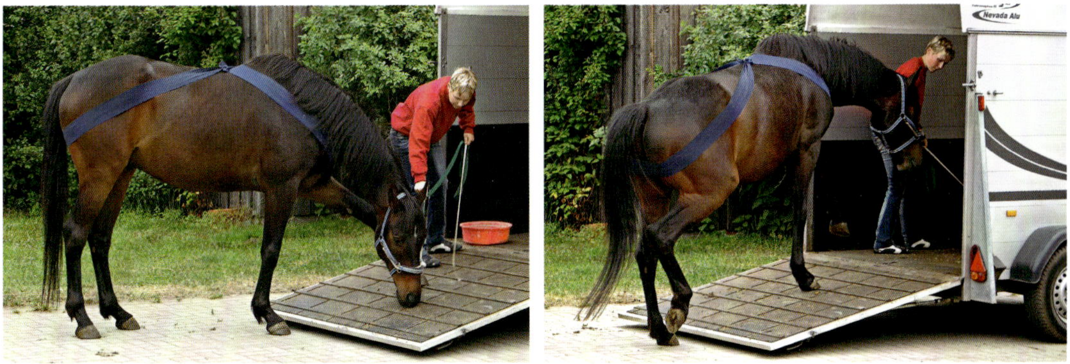

Nach geduldiger Vorarbeit betritt Hero ruhig den Hänger. In allen Pausen und im Hänger selbst werden seine Beine immer wieder mit der Gerte abgestrichen.

Nun kann die Trennwand wieder eingebaut werden. Zunächst wird sie hinten weit gestellt. Steht das Pferd auch mit Trennwand entspannt auf dem Hänger, wird sie Schritt für Schritt enger gestellt, bis sie arretiert werden kann.

Um das Pferd auf die Begrenzung durch die hintere Stange vorzubereiten, berühren Sie es vor allem an der Kruppe und an den Hinterbeinen mit der ausgehängten Stange und schieben es mit der Stange ein wenig vorwärts.

Während es auf dem Hänger steht, hängen Sie die hintere Stange ein und beruhigen es mit Worten und durch Abstreichen oder Streicheln der Kruppe. Möchte das Pferd rückwärtslaufen, spürt es, dass dies nun nicht mehr möglich ist. Es kann sich erschrecken, sogar panisch werden und beispielsweise über die Mittelwand springen. Bei konsequenter Vorbereitung passiert dies normalerweise jedoch nicht.

Ist das Pferd entspannt, können Sie die Hängerklappe schließen. Der Strick ist durch die Anbindeöse gezogen, der Helfer steht vorne in sicherer Position und kann das Pferd durch Futter zum Kauen und damit zum Entspannen bewegen.

Bleibt das Pferd weiterhin entspannt, kommt nun der Augenblick, wo sich das Gespann in Bewegung setzt.

Eine große Hilfe bei jedem Übungsschritt ist es, wenn das junge unerfahrene Pferd ein erfahrenes „Hängerpferd" im Umgang mit dem Hänger beobachten kann. Auch die ersten kurzen und später längeren Fahrten sind an der Seite eines ruhigen „Hängerpferdes" weniger aufregend. Üben Sie jedoch vorher unbedingt, dass ein zweites Pferd mit im Hänger steht. Und: Führen Sie beim Üben immer von beiden Seiten.

Hängertrauma

Manche Pferde laufen einfach auf den Hänger. Andere brauchen bei sorgfältiger Vorbereitung zwei Wochen bis zum ersten Fahren. Ist ein Pferd erst einmal durch schlechte Erfahrungen traumatisiert, dauert es meist einige Wochen, um es wieder für weitere Fahrten zu motivieren.

Als Zweijähriger auf der Sommerweide

Haltung und Fütterung der Zweijährigen

Alter:
24 bis 30 Monate

Wenn das Wetter und die Vegetation es erlauben, dürfen die Zweijährigen etwa von Ende April bis Ende Oktober auf weiträumige, solide eingezäunte Sommerweiden. Idealerweise sind die Weiden leicht hügelig mit artenreichem Bewuchs, ungiftigen Schutzhecken zum Beknabbern und Bäumen oder Schutzhütten als Schattenspender.

Das Anweiden soll zuerst stundenweise erfolgen, um Verdauungsprobleme und Eiweißüberschuss zu vermeiden. Nach ca. einer Woche können die Zweijährigen dann Tag und Nacht auf die Weide. In den ersten ein bis zwei Wochen füttert man strukturreiches Futter wie Stroh oder grobes überjähriges Heu zu. Raufutter ist vor allem im Frühjahr und Herbst wichtig, und wenn das Gras nach langen Regenperioden zwar reichlich vorhanden, aber rohfaserarm ist. Im Mai und Juni finden die Jungpferde ausreichend Nahrung auf gepflegten Weiden. Erst in trockenen Sommermonaten ist eine Futterergänzung notwendig. Es gibt dazu ein reichhaltiges Angebot von unterschiedlichen Herstellern. Frisches Trinkwasser und ein Salzleckstein müssen immer vorhanden sein, Mineralfutter und Raufutter werden nach Bedarf gegeben. Bewährt hat sich eine Mineralleckschale. Die Erfahrung zeigt, dass die Pferde sich hier nach Bedarf bedienen.

Während die Menschen sich freuen, dass die arbeitsintensive Stallperiode zu Ende geht, drücken die jungen Pferde ihre Freude über die natürliche Freiheit im übermütigen Galopp aus und drehen Runde um Runde auf den hoffentlich großen und stabil eingezäunten Weiden. Wie in den Jahren zuvor, so finden sich die Pferde auch jetzt in befreundeten oder verwandten Gruppen zusammen. Am Ende siegt der Duft des frischen Weidegrases über Lauffreude und Freundschaftsanfragen. Die freie Bewegung mit Gleichaltrigen lässt Jungpferde gesund heranreifen. Sind sie artgerecht gehalten und haben ständig Kontakt mit uns Menschen, können sie nun einfach wachsen.

Die Stuten leben in einer großen gemischten Stutenherde. Die Hengste in ihren Hengstherden trennt man besser nach Alter. (siehe S. 98)

Wird tatsächlich ein Hengst zur Körung vorgestellt, muss er entsprechend energiereich gefüttert werden, was seiner Gesundheit nicht unbedingt förderlich ist. (siehe S. 122)

Die jungen Stuten bleiben zusammen mit ihren Freundinnen, Tanten und Müttern in einer großen, gemischtaltrigen Herde.

Gibt man den Hengst zu einem Hengstausbilder, muss man sich sehr genau darüber informieren, wie diese Ställe mit jungen Hengsten umgehen. Man möchte die psychische und physische Gesundheit des Tieres schließlich erhalten. (vgl. S. 61)

Hengstkörung

Wenn Sie je eine der zahlreichen Hengstkörungen besucht haben, die im Frühjahr und im Herbst überall in Deutschland stattfinden, waren Sie vielleicht erstaunt darüber, wie „fertig" und ausgewachsen die gerade zweieinhalbjährigen Hengste im dritten Herbst ihres Lebens bereits aussehen. Könnte man durch sie hindurchsehen – und wirkliche Pferdekenner sind dazu in der Lage –, würde man ihren unreifen Bewegungsapparat erkennen, der bereits eine Menge (Muskel-)Fleisch zu tragen hat. In vielen Fällen deutlich zu viel Fleisch, wie wir meinen. Unter alten Reitersleuten gibt es einen geflügelten Ausspruch: „Ein Jahr länger Jungpferd, zehn Jahre länger Reitpferd." Damit war einmal gemeint, dass man Pferde nicht mit drei, sondern erst mit vier Jahren einreiten soll. Je natürlicher und bewegungsreicher sie aufwachsen und je gleichmäßiger sie wachsen, desto eher bleiben sie gesund. Und je später sie belastet werden, reiterlich oder auch vor der Kutsche, desto länger können Sie sich an einem gesunden und leistungsbereiten Pferd erfreuen.

Ein unnatürliches Pushen des jungen Tieres, sei es durch üppige Fütterung von Kraftfutter oder durch frühe Belastung und Training, ist nachweislich gesundheitsschädigend und unserer Meinung nach auch unethisch.

Ihr Zweijähriger ist wie ein Jugendlicher in der Pubertät noch nicht ausgereift. Er ist sowohl körperlich als auch mental noch weich und wenig belastbar und neigt mitunter zu überschießenden Reaktionen. Beschäftigen Sie ihn, geben Sie ihm ab und an ein paar leichte Aufgaben zum Nachdenken und berücksichtigen Sie, dass er sich nur kurz konzentrieren kann und körperlich schnell Schaden nimmt.

Spaziergänge, die Arbeit an der Grunderziehung, moderate Bodenarbeit, ein paar Zirkuslektionen oder Übungen aus dem Gelassenheitstraining in Pferdegesellschaft sowie leichte, vorbereitende Übungen

Die jungen zweijährigen Hengste können den Sommer hoffentlich noch zusammen mit Gleichaltrigen genießen.

für die Anreitphase liefern Futter für die Neugierde des Jungpferdes und festigen sein Vertrauen zu Ihnen. Zerlegen Sie alle Übungen in viele Einzelschritte und steigern Sie den Schwierigkeitsgrad immer erst, wenn Ihr Pferd entspannt mitmacht.

Hengste, die Köraussichten haben, genießen oft keine Sommerweiden mehr. Sie werden schon frühzeitig zu Kinderarbeit herangezogen, da sie ja bereits 2 1/2-jährig auf den Körplätzen vorgestellt werden. Boxenhaltung, tägliche Longenarbeit, Führmaschine, Freispringen und eine meist mastige Fütterung sind ihr belastender Alltag.

Der Trakehnerverband hat 2009 beschlossen, dass Hengste, die direkt von einem Vollbluternteil abstammen, ein Jahr später zur Körung vorgestellt werden können, da sie in der Regel später reif sind als durchgezüchtete Warmblüter.

Diese Regel sollte durchaus auf alle anderen Rassen und Verbände ausgedehnt werden.

„Wir werden Wallach!“ Diese Junghengste können unbeschwert spielen. Ihre körfähigen Kollegen werden als Zweijährige im Sommer bereits aufgestallt und auf die Körung vorbereitet.

First Flight Spirit wurde 3 1/2-jährig gekört und durfte als Zweijähriger auf die Sommerweide.

3 1/2-jährig zur Körung

Einen unserer Halbblüter haben wir im Juli zweijährig von der Weide geholt, um ihn für die Körung vorzubereiten. Der Arme wusste überhaupt nicht, wie ihm geschieht. Mit seinem fohlenhaften Körperbau machte er zwar brav, was wir von ihm verlangt haben und die großzügige Fütterung gefiel ihm gut. Bei realistischer Begutachtung hätte der Hengst im Vergleich zu den wesentlich fertiger aussehenden Warmblütern keine Körchancen gehabt. Nach Bekanntwerden der Satzungsänderung des Trakehnerverbandes haben wir die Ausbildung des Junghengstes sofort abgebrochen und ihn wieder zu seinen Freunden auf die Weide gestellt. Da sie nur zwei Wochen voneinander getrennt waren, wagten wir das Zusammenführen, obwohl die Rangordnung der kleinen Herde sich verändert hatte. Mit jedem Hengst könnte man das nicht machen, aber diese Gruppe war sehr kameradschaftlich aufgewachsen. Das Zusammenführen war dann auch kein Problem. Dieser Hengst konnte also noch einmal ein ganzes Weidejahr genießen, natürlichen Sport mit seinen Freunden treiben und besser ausreifen. Im folgenden Herbst wurde First Flight Spirit dann als 3 1/2-Jähriger gekört.

Junge Wilde

Staunen …

… Wohlfühlen …

...Imponieren...

...Spielen...

...Diskutieren...

Das Pferdegebiss

Erwachsene Stuten haben 36 Zähne, Hengste und Wallache zusätzlich 4 Hengstzähne, deshalb 40 Zähne. Es gibt vereinzelt auch Stuten mit Hengstzähnen.

Das Pferdegebiss besteht aus jeweils 6 Schneidezähnen sowie jeweils 12 Backenzähnen im Ober- und Unterkiefer.

Pferdezähne werden anders als Menschenzähne durch den Mahlvorgang ständig abgerieben und jährlich ca. 2–3 mm nachgeschoben. Ausnahme sind die Hengstzähne, da sie nicht zum Zerkleinern von Nahrung, sondern zum Kämpfen benutzt werden.

Bei den Fohlen brechen ca. 1 Woche nach der Geburt die Schneidezähne durch. Zu den Schneidezähnen gehören die Zangen, die Mittelzähne und die Eckzähne. Bei der Geburt oder innerhalb der ersten Lebenswochen brechen die Milchbackenzähne, die Prämolaren durch, je 6 im Ober- und Unterkiefer.

Die dahinter liegenden bleibenden Mahlzähne, die Molaren, brechen im Alter von ca. 1 bis 4 Jahren durch. Die bleibenden Hengstzähne brechen im Alter von 4 bis 6 Jahren durch.

Die Zangen wechseln im Alter von 2 1/2 Jahren, die Mittelzähne im Alter von 3 1/2 Jahren, die Eckzähne mit 4 bis 5 Jahren.

Die Prämolaren wechseln im Alter von 2 1/2 bis 4 Jahren.

Eine Ausnahme bilden die Wolfszähne. Sie sind ein Überbleibsel der Evolution des Pferdegebisses. Wolfszähne sind kleine stiftförmige Zähne ohne große Wurzel. Nicht jedes Pferd hat Wolfszähne. Nicht jeder Wolfszahn bricht durch die Schleimhaut durch, man spricht dann vom blinden Wolfszahn. Beim Führen, Longieren oder Reiten mit Gebissstück können Wolfszähne Schmerzen bereiten. Das Pferd wehrt sich dann gegen die Hand. Wolfszähne sollten vor dem ersten Tragen einer Trense mit Gebiss fachmännisch entfernt werden.

Homöopathie im Zahnwechsel

Bei schmerzendem Zahndurchbruch, Empfindlichkeit beim Aufhalftern, Schnappen oder Kopfschlagen geben Sie 5 Globuli Chamomilla C 30 ein Mal täglich über drei Tage.

Übungen für das zweijährige Pferd

Natürlich können Sie weiterhin alle bisher vorgestellten Übungen mit Ihrem Jungpferd in regelmäßigen Abständen machen. Ein neuer Aspekt, auch in Vorbereitung auf seine Zukunft als Reitpferd, ist die Maularbeit.

Übung 1: Maularbeit

Ziel Zur Vorbereitung auf das Trensengebiss, auf den Pferdezahnarzt und auf Wurmkuren während des Zahnwechsels und bei Pferden, die die Tendenz haben, alles ins Maul zu nehmen und darauf herum zu kauen wirkt Maularbeit positiv.

Was Sie wissen müssen Viele Pferde ziehen zuerst den Kopf weg, wenn Sie ihr Maul berühren wollen. Wie bei uns der Mund, so ist auch der Maulbereich von Pferden ein intimer Bereich, der zudem im Zahnwechsel besonders empfindlich ist. Das Pferdemaul ist eng mit dem Gefühlsleben von Pferden verbunden.

Wie Sie vorgehen Geben Sie sich anfangs mit kurzen Erfolgsmomenten zufrieden, mit der Zeit und wachsender Erfahrung wird Ihr Pferd Maularbeit genießen und Sie können die Arbeit ausdehnen.

Berühren und massieren Sie zunächst den äußeren Maulbereich und fahren Sie mit der entspannten Hand über Nüstern, Lippen und Kinn. Fahren Sie auch die Innenfläche der Nüstern aus und dehnen Sie Nüstern und Lippen ein wenig. Gleiten Sie unter die Oberlippe und reiben Sie das Zahnfleisch oder suchen Sie einen anderen Eingang ins Pferdemaul, der Ihnen entgegenkommt. Reiben, berühren und massieren Sie alle Bereiche, die Ihnen und Ihrem Pferd angenehm sind, auch Gaumen, Zunge und Innenseiten der Lippen. Manche Pferde wirken danach entspannter, andere „nachdenklich" oder mit ihrem Maul beschäftigt.

Arbeiten Sie bei der Maularbeit zunächst mit Halfter, um das Pferd bei Abwehrbewegungen bei sich halten zu können.

Vom Zweijährigen zum Dreijährigen

Haltung und Fütterung

Der Übergang von der Weide- zur Stallhaltung sollte gut vorbereitet werden, um Verdauungsstörungen vorzubeugen. Eine gute Möglichkeit für einen fließenden Übergang bei nasskalter Witterung bietet die nächtliche Aufstallung. Ist es mild und trocken, können Raufuttergaben auf den Weiden erfolgen. Auch hier werden die Rationen langsam gesteigert. Energiereiches Kraftfutter ist zusätzlich zu empfehlen.

Alter:
30 bis 36 Monate

Auch im Winter brauchen Zweijährige täglich über mehrere Stunden hinweg freien Auslauf. Die Auslaufflächen müssen so groß bemessen sein, dass alle Pferde sich gefahrlos austoben, wälzen und soziale Kontakte pflegen können.

So kann sich der Bewegungsapparat gesund entwickeln und auch Seele, Herz und Lunge bleiben gesund.

Zwei Beispielrationen

in kg/Tag für Zweijährige zwischen 30 und 36 Monaten, mittelgroße Rassen, Gewicht ca. 450 KM nach Meyer/Coenen. KM bedeutet Körpermasse in kg.

Heu 1. Schnitt	5 kg	2 kg
Anwelksilage		6 kg
Möhren		4 kg
Futterrüben	6 kg	
Haferkörner, gequetscht	1 kg	1,5 kg
Ergänzungsfutter für Fohlen	1 kg	
Ergänzungsfutter zu Heu/Hafer		1 kg

Zusätzlich gibt es gutes Stroh aus der gepflegten Einstreu.
Ein Salzleckstein sollte immer vorhanden sein.

Die in der Tabelle genannten Tagesrationen sind auf 3 Portionen aufzuteilen.

Anspruchsvollere Übungen

Als Fohlen und Jährlinge haben unsere Zweijährigen bereits alle Basisübungen gelernt. Die Grundlage für ihre Ausbildung ist also schon jetzt gelegt und sie sind im Rahmen ihrer Möglichkeiten bereits wohlerzogen und höflich – wenn die äußeren Umstände sie nicht beunruhigen und sie lieber wegrennen möchten, statt zuzuhören.

Sobald sie die Basisübungen sicher und entspannt absolvieren, kann der Schwierigkeitsgrad gesteigert werden. Bekannte Abläufe können durch neue und schon etwas anspruchsvollere Übungen ergänzt werden. Lässt sich Ihr Jungpferd in der Stallgasse oder auf dem Platz zum Beispiel gut anhalten und steht dann auf Ihr Signal hin einige Momente lang still, so üben Sie diesen Ablauf nun in unbekannterer Umgebung, zum Beispiel auf dem Weg zum Reitplatz oder zur Reithalle oder in der Reithalle selbst. Die Steigerung des Schwierigkeitsgrades bietet Pferd und Mensch immer wieder die Chance, sich mit mildem Stress auseinanderzusetzen. Das junge Pferd lernt, sich selbst zu beruhigen oder sich beruhigen zu lassen. Sein Mensch lernt, sich nicht von der Unruhe des Pferdes anstecken zu lassen, sondern gelassen zu bleiben und zum Beispiel durch das Abstreichen mit der Gerte aktiv für die Gelassenheit des Pferdes zu sorgen.

Zur Vorbereitung aufs Anreiten lernt Flightfever unter Gerten hindurch zu gehen.

Als neue Bodenhindernisse können die Brücke, die Plastikplane und neue Anordnungen von Stangen eingeführt werden. Das Stehenbleiben zwischen Stangen oder zwischen Cavalettis, das Fahren vom Boden und die Übungen zur schrittweisen Vorbereitung zum Anreiten bieten weitere gut zu bewältigende Herausforderungen. Ein leichter Gurt und Körperbandagen können bei der Bodenarbeit getragen werden.

Macht Ihr junges Pferd plötzlich Rückschritte, statt stetig weiter Neues zu lernen, ist es Zeit für eine Pause. Vielleicht waren Sie etwas zu ehrgeizig oder haben sich nicht klar genug ausgedrückt, vielleicht sind aber auch körperliche Wachstumsprozesse (Zähne, Hormone, Größenwachstum) oder andere Faktoren (Wetterwechsel, Herdendynamik etc.) die Ursache für den Unwillen Ihres Schülers. Nach einer mehrtägigen Pause fangen Sie neu an. Sie hatten ja etwas Zeit, um darüber nachzudenken, an welcher Stelle Ihr Pferd noch richtig gut und mit Spaß mitgearbeitet hat. Genau an dieser Stelle setzen Sie nun wieder ein.

Immer wieder ein paar Schritte zurückzugehen und bereits sicher Erlerntes abzurufen ist aber nicht nur bei Rückschritten eine gute Methode, die Neugier auf Neues und das Vertrauen Ihres Pferdes in sich selbst und in Sie zu stärken und lebendig zu halten.

Übung 1: Festes Anbinden

Ziel Basisübung, Förderung der Selbst- und Impulskontrolle, Vorbereiten aufs Anreiten

Was Sie wissen müssen Voraussetzung für diese Übung ist, dass Ihr Pferd bei der Vorbereitung zum Anbinden entspannt ist. Die Umgebung rund um den Anbinder ist ruhig. An unterschiedlichen Tagen und in unterschiedlichen Situationen wird Ihr Pferd sich beim Anbinden unterschiedlich verhalten. Entspannung kann man nicht erzwingen, Selbstkontrolle ist jedoch erlernbar. Wenden Sie in Stresssituationen die Techniken von S. 52, 82 u. 145 an und gehen Sie bei Bedarf unbedingt einen oder zwei Übungsschritte zurück, um Verletzungen durch Zurückwerfen zu vermeiden. Binden Sie Ihr Pferd immer an einem Heubändchen als Sollbruchstelle an. Ihr Anbinder selbst sollte jedoch stabil und sicher sein. Ein in der Wand einbetonierter Ring oder ein fest montierter Anbindebalken sind gute Anbindemöglichkeiten. Besitzen

1

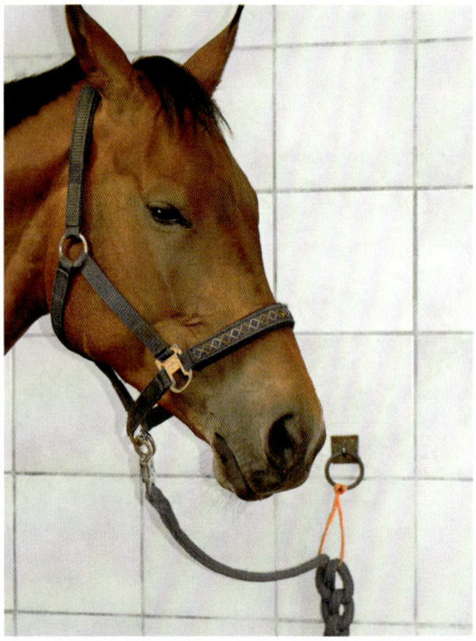

2

1 Sunset steht sicher und entspannt am Heubändchen und Anbindering.

2 Führen Sie den Strick zum sicheren Anbinden durch das Heubändchen.

Sie keine sichere Anbindemöglichkeit, verzichten Sie lieber auf die Übung und bringen Ihrem Pferd stattdessen bei, unangebunden ruhig stehen zu bleiben. Die meisten Reiter können Geschichten über Pferde erzählen, die zusammen mit einem Weidetor über die Wiese galoppierten und auf diese Weise für immer fürs Anbinden verdorben wurden. An unsoliden oder beweglichen Teilen sollten Fohlen, Ponys oder Pferde niemals und unter gar keinen Umständen angebunden werden!

Was Sie brauchen Gut sitzendes Halfter, Strick, solider Anbinder mit Heubändchen. Pferde niemals mit Knotenhalfter anbinden!

Wie Sie vorgehen Führen Sie das Führseil durch das Heubändchen, das im Anbinder verknotet ist. Machen Sie einen Sicherheitsknoten. Streichen Sie Ihr Pferd ab und loben Sie es, wenn es ruhig steht. Dehnen Sie die Zeit des Angebundenseins nach und nach aus, beenden Sie die Übung jeweils, wenn Sie das Gefühl haben, Ihr Pferd wird unruhig oder kurz vorher.

Wenn Ihr Pferd sich nicht anbinden lässt Gehen Sie zurück zu den vorbereitendenen Übungen (S. 48 u. S. 83). Üben Sie zusätzlich das freie Stehen. Üben Sie aber keinen Zwang aus – die Verletzungsgefahr beim Anbinden panischer Pferde ist zu hoch. (vgl. S. 48)

Übung 2: Still stehen

Ziel Die Übung gibt Ihnen die Möglichkeit, Ihr Pferd genau zu beobachten und zu fühlen, wann Ihr Pferd sich in Bewegung setzt. Sie fördert die Geduld von Pferd und Mensch.

Was Sie wissen müssen Voraussetzung ist, dass Ihr Pferd Halfter, Strick und Gerte kennt, sich anhalten lässt und bereits einige Momente lang stehen bleibt (S. 108).

Wie Sie vorgehen Halten Sie Ihr Pferd an und lassen Sie es stehen, wie auf S. 108 beschrieben. Gehen Sie dann ein Mal um das Pferd herum und halten Sie dabei Körperkontakt. Wenn Sie sich nach hinten entfernen, ist Ihr Pferd weniger versucht, sich zu bewegen, als wenn Sie nach vorne weggehen. Sobald Ihr Pferd das Kommando versteht, bewegen Sie sich zunächst einen halben Meter, später immer weiter von ihm weg und kehren zu ihm zurück, bevor es selbst den ersten Schritt macht. Loben Sie es und lassen es antreten. Unter Umständen brauchen Sie eine zweite Person, die Ihr Pferd einige Male am Platz hält, während Sie sich wegbewegen. Läuft es Ihnen nach, wird es zurückgeschoben.

Sorgen Sie dafür, dass Sie Ihr Pferd loben können, indem Sie zu ihm zurückkehren, bevor es sich bewegt.

Brav steht Flightfever still. Sanft wird sie zwischen den Augen gerubbelt – eine Berührung, die nur vertrauten Menschen gestattet ist.

Flightfever orientiert sich beim Gehen nach links, zur vertrauten Seite und Person hin. Gerade deswegen ist das Führen von beiden Seiten hilfreich, um die Balance zu verbessern.

Übung 3: Führen von beiden Seiten

Ziel Fördert das Gleichgewicht, richtet gerade, gibt Sicherheit und entspannt.

Was Sie wissen müssen Für Jungpferde ist das Führen von zwei Seiten so hilfreich, dass Sie es so oft wie möglich in den Übungsalltag einbauen sollten! Zwickende Hengste und rempelnde Küken können so auf Abstand gehalten werden, nervöse Raser lassen sich leichter wieder auf sich selbst konzentrieren. Wichtig: Achten Sie darauf, dass Sie Ihren Führkollegen beim Führen immer sehen können. Geraten die Menschen nämlich zu weit nach hinten, wirken sie treibend, laufen sie zu dicht am Pferd, kann sich das Pferd beengt fühlen.

Was Sie brauchen Eine zweite Person, ein gut passendes Halfter, zwei Führstricke oder -seile und zwei Gerten

Wie Sie vorgehen Ihr Pferd sollte bereits an das Führen von links oder rechts gewöhnt sein. Haken Sie nun beide Stricke in die unteren seitlichen Ringe des Halfters ein, führen Sie wie gewohnt vor der Schulter des Pferdes und weisen Sie mit den Gerten in die Richtung, in die Sie

Zum Anhalten kreuzen die Gerten vor dem Pferd. Beate streicht Flightfever im Stand ab.

gehen wollen. Achten Sie darauf, Ihrem Pferd viel Raum zu lassen und gleiten Sie am Führseil so weit nach außen wie möglich. Sprechen Sie mit Ihrem Führpartner ab, welchen Weg Sie nehmen und wo angehalten wird. Kreuzen Sie die Gerten zum Bremsen so weit vor der Pferdenase, dass das Pferd die Gerten auch sehen kann. Eventuell ist es nötig, dass eine der Führpersonen am Führseil in Richtung Nase gleitet, um dort ein leichtes Zupfsignal am Strick zu geben. Ebenfalls bremsend wirkt es, wenn die Menschen so weit vor dem Pferd sind, dass sie es mit Körper, Arm und Gerte einrahmen können.

Übung 4: Unter Gerten hindurch

Ziel Ihr Pferd soll sich an den Anblick von Dingen über seinem Sichtfeld gewöhnen – dort, wo es später auch einmal seinen Reiter sehen wird – und optische Reize von beiden Seiten bekommen. Auch fürs Verladetraining ist die Übung wichtig. Es lernt, seinen Kopf zu senken.

Was Sie wissen müssen Die Übung ist schrittweise aufgebaut und soll in jedem Stadium entspannt bewältigt werden. Steigern Sie den Schwierigkeitsgrad erst, wenn Ihr Pferd den vorherigen Schritt gelassen bewältigt hat. Das Foto auf S. 138 zeigt den letzten Übungsschritt.

Gala läuft beherzt zwischen den nun schon recht eng gehaltenen Gerten und dicht zusammenstehenden Menschen hindurch (vgl. S. 132).

Was Sie brauchen Zwei sichere Gegenstände, um erhöht zu stehen, drei Gerten, drei Personen, Halfter und Führstrick.

Wie Sie vorgehen Schritt eins: Führen Sie das Pferd zwischen zwei erhöht stehenden Personen hindurch. Wählen Sie den Abstand zwischen den beiden Personen so weit, dass Ihr Pferd gelassen bleibt.

Schritt zwei: Die Personen halten ihre Gerten gerade nach oben und Sie führen Ihr Pferd zwischen ihnen hindurch.

Schritt drei: Die Gerten werden nach und nach gekreuzt und der Abstand wird nach und nach verringert.

Übung 5: Körperbandage und Longiergurt

Ziel Als schrittweise Vorbereitung zum Satteln und Anreiten gewöhnen diese Übungen Ihr Pferd an Begrenzungen um den Bauch herum und an Gegenstände auf seinem Rücken im Halten und in der Bewegung.

Was Sie wissen müssen Viele Pferde leiden unter unterschiedlich ausgeprägtem traumatischem Gurt- und Sattelzwang, der auch in entspannten Situationen ein ganzes Pferdeleben lang zu Panik beim Pferd führen kann. Die Ursache des Sattelzwangs liegt immer in zu schnellem, unvorbereitetem, überfallartigem Strammziehen des Gurtes begründet. Das Fluchttier Pferd verbindet mit diesem Vorgehen einen Angriff. Daher gehen wir hier überlegt und schrittweise vor.

Was Sie brauchen Drei einfache elastische Bandagen aus dem Reitsportbedarf, einen Decken- oder Longiergurt mit Ringen, einen weichen Überzug für den Bauchgurt, Halfter, Führseil und Gerte.

Wie Sie vorgehen Gewöhnen Sie Ihr Pferd zunächst an Berührungen in der Bauchregion, indem Sie es dort mit der flachen Hand massieren. Machen Sie Ihr Pferd dann schrittweise mit Körperbandagen vertraut. Binden Sie zuerst eine Bandage um Hals und Brust und machen Sie mit dieser Bandage die gewohnte Führarbeit. Beim nächsten Üben können Sie zusätzlich eine Bandage im Gurtbereich anlegen und mit der vorderen verbinden. Bevor Sie diese Bandage mit dem Sicherheitsknoten schließen, üben Sie damit Druck auf den Bauchbereich aus, indem Sie

Durch die Körperbandage fühlt sich Ihr Jungpferd besser, setzt die Hinterhand bewusster ein und gewöhnt sich gleichzeitig an die leichte Einengung.

1

2

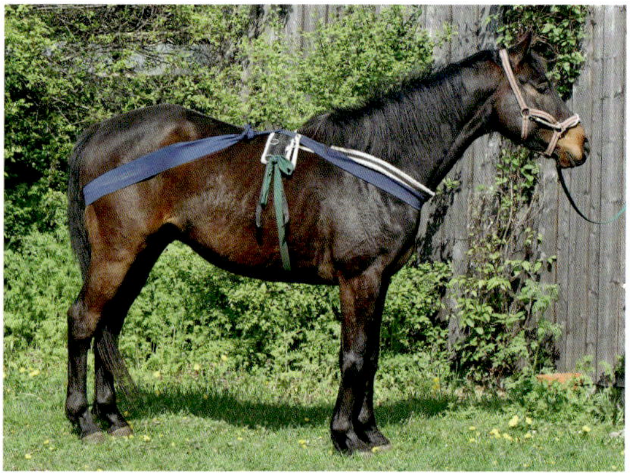

1 An die Bandage um die Hinterhand muss sich Gala erst gewöhnen.

2 Hero trägt sie bereits gelassen.

sie hochheben und wieder lockerlassen. Führen Sie Ihr Pferd dann über Bodenhindernisse. Beim nächsten Üben können Sie noch eine weitere Bandage um die Hinterhand führen. Hierfür brauchen Sie eine zweite Person. Befestigen Sie eine Bandage um den Hals und knoten Sie die zweite Bandage an der Halsbandage fest. Gewöhnen Sie Ihr Pferd mit Hilfe der zweiten Person, die das Ende der Bandage hält und in Sicherheitsabstand hinter dem Pferd geht, an die Berührung an seiner Hinterhand, bevor Sie das zweite Ende der Bandage mit einem Sicherheitsknoten an der Halsbandage festmachen .

Hero wird nun schrittweise an Longiergurt und Satteldecke gewöhnt.

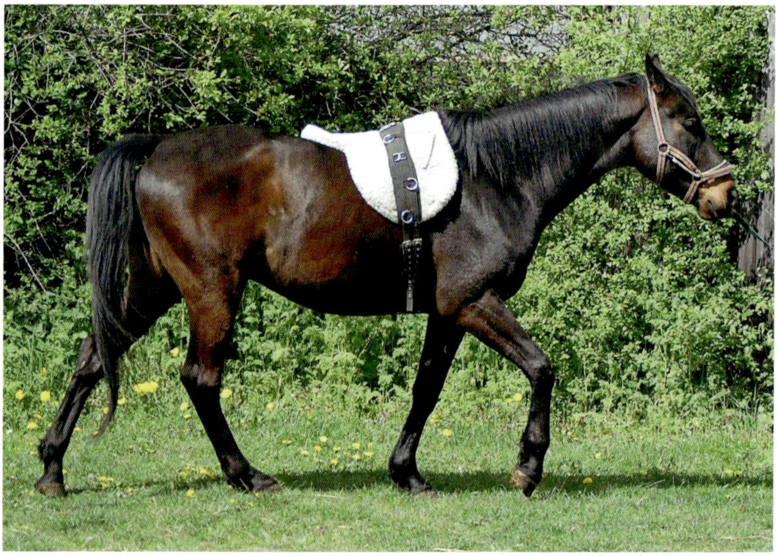

Hat Ihr Pferd seine neuen Eindrücke verdaut und bleibt gelassen, wird es mit Satteldecke und Longiergurt vertraut gemacht. Streichen Sie das Pferd erst überall mit der Satteldecke ab, bevor Sie sie auf den Rücken legen. Legen Sie vorsichtig den Deckengurt um und üben Sie damit einige Male leichten Druck auf den Bauchbereich aus, indem Sie den Gurt anheben und wieder lockerlassen. Schließen Sie den Gurt dann wirklich locker. Damit der Gurt nicht nach hinten rutscht, benutzen Sie die dritte Bandage nun wie ein Vorderzeug und führen sie um die Brust herum. Die Körperbandagen können zusätzlich noch angelegt werden, um das Pferd einzurahmen. Führen Sie Ihr Pferd nun in der gewohnten Bodenarbeit und wiederholen Sie die Vorgehensweise einige Male.

Übung 6: Fahren vom Boden

Ziel Selbständiges Bewegen ohne seitlich führenden Menschen, Tolerieren von Hilfen am Rumpf, also in der künftigen Schenkellage, gute Übung für Pferde, die sich vor Geräuschen oder Bewegungen von hinten erschrecken, Förderung der Balance und der Fähigkeit zur Verlagerung des Gewichtes auf die Hinterhand, wichtigste Übung vor dem Anreiten. Vorbereitung für Longe, Doppellonge und Einfahren.

Was Sie wissen müssen Voraussetzung für diese Übung ist, dass Ihr Pferd Körperbandagen, Satteldecke und Longiergurt kennt. Legen Sie diese vor der Übung an.

Was Sie brauchen Gut sitzendes Halfter, eine Hilfsperson mit Führstrick, zwei Seile von je 7 Metern Länge oder eine Doppellonge, einen Halsring, ein Brustseil oder einen Martingalhalsriemen, eine Gerte, einen Longiergurt.

Wie Sie vorgehen Legen Sie Ihrem Pferd ein Brustseil oder einen Halsring um den Hals. Zeigen Sie ihm zunächst das Seil. Schlingen Sie das Seilende mehrmals um die Gerte und streichen Sie Ihr Pferd mit Seil und Gerte ab. Ist Ihr Pferd dabei entspannt, befestigen Sie das Seil an der linken Seite des Halsrings oder Brustseils und lassen Sie es anführen. Die Person, die das immer länger werdende Fahrseil hält, geht in Sicherheitsabstand seitlich vom Pferd, ohne es zunächst mit dem Seil

Fortgeschrittenes Fahren vom Boden ohne zusätzliche Führperson am Halfter des Pferdes. Eine Übung, die das Pferd sinnvoller auf das spätere Gerittenwerden vorbereitet, als das Longieren.

zu berühren. Beide Menschen gehen auf der linken Seite. So kann das Pferd nach rechts ausweichen. Halten Sie mit „Haalt“ und dem Zupfen am Fahrseil an. Ihr Pferd kennt es schon, auf das Kommando „Scheeritt“ hin anzutreten, neu ist der kleine Seilschlenker mit der Fahrleine an den Rumpf. Die Person am Halfter gibt die dem Pferd vertrauten Hilfen zusätzlich. Nach und nach darf das Fahrseil auch in der Bewegung den Rumpf berühren, zum Beispiel, indem man Kurven geht. Klappt das Fahren vom Boden mit einem Seil auf der linken Seite, machen Sie die gleiche Übung mit einem Seil an der rechten Seite. Die Führperson bleibt auf der linken Seite. Klappt auch dieser Schritt entspannt, befestigen Sie das zweite Fahrseil am Halsring und machen die gewohnte Führarbeit. Geführt und gelenkt wird immer noch von der Person am Halfter, lediglich die Signale zum Antreten, Anhalten und Rückwärtsrichten werden gefühlvoll und mit Betonung auf dem Nachgeben von den Fahrleinen aus gegeben.

Als nächstes werden die Fahrseile am seitlichen Halfterring befestigt und durch die Ringe des Longiergurtes geführt. So können auch die Hilfen für Wendungen von hinten gegeben werden. Auf einem umzäunten Platz oder in der Halle wird die Führperson am Halfter nun nach und nach überflüssig und Ihr Pferd kann richtig vom Boden gefahren werden. Ein Meilenstein in seiner Ausbildung!

Übung 7: Schritt gehen an der Longe

Ziel Schrittweises Vorbereiten auf die Longenarbeit

Was Sie wissen müssen Nach dem routinierten Fahren vom Boden dürfte das Longieren kein Thema mehr sein. Wir raten davon ab, zweijährige Pferde, die sich naturgemäß noch im Wachstum befinden, durch einseitige und intensive Longenarbeit zu belasten. Bei der Vorbereitung auf Eintragungen, Leistungsprüfungen sowie vor dem Anreiten ist intensives Longieren junger Pferde leider üblich und wir selbst haben diese Vorgehensweise gelernt, praktiziert und unseren eigenen Pferden geschadet. Skelett, Sehnen und Bandapparat von Jungpferden sind für enge Wendungen in schnellerem Tempo noch nicht stabil und ausgereift genug. Kann man bei der Vorbereitung auf eine Leistungsprüfung das Longieren nicht vermeiden, so begrenzen Sie die Arbeit zeitlich, und mildern Sie die einseitige Belastung durch häufige Handwechsel ab. Schrittweises Gewöhnen an Ausbinder gelingt am besten, wenn Sie zunächst deutlich vor der Senkrechten mit flexiblen Bandagen ausbinden. Außerdem empfehlen wir, den Umgang mit der Doppellonge zu erlernen und am Kappzaum zu longieren.

Gala lernt hier, sich im Schritt mit etwas mehr Abstand um Marietta herum zu bewegen, ein erster Schritt hin zum späteren Longieren.

Wie Sie vorgehen Nehmen Sie während der normalen Bodenarbeit das Führseil in die äußere Hand und die Gerte in die dem Pferd zugewandte Hand. Gehen Sie auf Abstand, tippen Sie Ihr Pferd an den drei Punkten hinter dem Ohr, am Widerrist und an der Kruppe leicht mit der Gerte an, halten es so auf Distanz und lassen es einige Schritte um Sie herumgehen. Dann wechseln Sie die Seite. Bauen Sie diese Übung ab und an in Ihre Bodenarbeit ein.

Beobachten Sie Ihr Pferd in neuen Situationen genau und strahlen Sie Ruhe aus.

An neue Situationen gewöhnen

Die hohe Kopfhaltung Galas verrät ihre Anspannung.

Im Laufe eines Pferdelebens wird Ihr Jungpferd viele neue Situationen kennen lernen, gewollt oder ungewollt. Der Hubschrauber, der neben Ihnen landet, der Mähdrescher, der Ihnen entgegenkommt, ein Kind auf einem Bobbycar … Mit jeder dieser erfolgreich gemeisterten Situationen wächst Ihrer beider Zusammenhalt, Ihr gegenseitiges Vertrauen und Selbstbewusstsein. Begeben Sie sich am besten auch ganz bewusst in ungewohnte Situationen und üben Sie mit Hilfe der beschriebenen Techniken, Ihr Pferd zu beruhigen. Wählen Sie die Herausforderung dabei passend – nicht zu klein, aber auch nicht zu groß.

Jede bekannte Übung lässt sich im Schwierigkeitsgrad steigern, indem Sie sie in ungewohnter Umgebung machen. Pferde verbinden mit einer Übung immer den gesamten Ablauf, also auch den äußeren Rahmen. Haben Sie immer in der Box geputzt, so muss Ihr Pferd das

Putzen am Putzplatz zum Beispiel erst neu lernen. Haben Sie immer an der Bande angehalten und das Stillstehen geübt, so ist das Stehenbleiben mitten in der Halle eine neue Übung.

In der Halle oder auf dem Platz haben Sie bisher immer mit einem vertrauten Pferd oder sogar in einer Gruppe von Jungpferden gearbeitet. Nun könnte ein neues Pferd dazukommen, und das bekannte Pferd weggeführt werden. Klappt dies entspannt, sieht ein weiterer Übungsschritt so aus, dass das bekannte Pferd weggeführt wird, und Ihr Jungpferd kurz allein bleibt, bis ein neues Pferd sich zu Ihrem Jungpferd gesellt und auch bleibt.

Diese Schritte sind Stationen auf dem Weg dahin, dass man zunehmend allein mit dem Pferd arbeiten kann.

Spaziergänge an der Hand sind eine weitere Möglichkeit, gewohnte Übungen aus der Bodenarbeit wie das Anhalten, Antreten, das Gehen von Wendungen etc. zu variieren. Wählen Sie zunächst kurze und verkehrsarme Strecken und lassen Sie sich von einem sicheren Pferd begleiten.

Beruhigungstechniken aus Ihrer Handwerkskiste

Viele unserer in diesem Buch vorgestellten Übungen können Sie zur Beruhigung einsetzen. Grundlegend ist dabei allerdings, dass Sie sowohl milde Autorität als auch souveräne Gelassenheit ausstrahlen.

Sowohl das Abstreichen mit der Gerte als auch das Führen von beiden Seiten löst Spannungen beim Pferd.

Leichte Stresssituationen eignen sich also gut, um an Ihrer eigenen Ausstrahlung zu arbeiten. Lassen Sie sich nicht von der Besorgnis oder sogar Aufregung Ihres Jungpferdes anstecken, sondern trainieren Sie, die Aussage „ Alles halb so wild“ auch körperlich rüberzubringen. Atmen Sie entspannt, entspannen Sie Ihre Schultern und bleiben Sie auch bei etwaigen Hüpfern locker. Achten Sie gleichzeitig darauf, dass niemandem etwas passiert. Feste Schuhe, Handschuhe und die Möglichkeit, Sicherheitsabstand zu halten, sind ein Muss.

Die Übungen „Anhalten“, „Stehenbleiben“ und „Antreten lassen“ im Wechsel lenken ab und konzentrieren Ihren Youngster wieder auf Sie. Das Führen von Wendungen beruhigt ebenso wie das Führen von beiden Seiten, das Führen durch Bodenhindernisse und das Abstreichen mit der Gerte. Eine Körperbandage, Berührungen und die Übung „Kopf senken“ helfen, körperliche Spannungen abzubauen. Futter, aus der Schüssel oder aus der Hand gegeben, regt zum Kauen und damit zum Atmen an, lenkt ab und entspannt.

Generell ist der Stressfaktor einer Situation einschätzbarer, wenn man nicht ziellos drauf losarbeitet, sondern die Arbeit mit dem Pferd plant und so gestaltet, dass sie weder Mensch noch Pferd überfordert.

Auch Futtergaben beruhigen, weil sie zum Kauen und damit zum Atmen anregen und für eine kleine Pause sorgen.

Übung 8: Freispringen

Ziel Vorbereitung zu Eintragungen und Leistungsprüfung, zur Gymnastizierung, Abwechslung im Training, zur Förderung von Körpergefühl, Geschicklichkeit, Gehorsam, zum Muskelaufbau.

Was Sie wissen müssen Die jungen Pferde dürfen nicht überfordert werden. Ein Freispringen pro Woche reicht völlig aus. Hören Sie jeweils mit einem gelungenen Sprung auf. Zwar finden in der freien Wildbahn ähnliche Bewegungsmuster statt, hier hat aber das Pferd die Kontrolle darüber, wann es aufhört. Lassen Sie sich nicht vom Ehrgeiz packen, sondern beenden Sie die Übung nach sechs bis acht Sprüngen von höchstens 80 Zentimetern, auch wenn Ihr Pferd sicherlich höher springen könnte. Wir halten nichts davon, das Springvermögen so junger Pferde durch endloses Höherlegen von Stangen auszureizen. Auch der Bewegungsapparat von springfreudigen Zweijährigen ist für solche Unterhaltungsspiele von Menschen nicht konstruiert. Echte Pferdekenner erkennen wirkliche Springtalente am Bewegungsablauf, auch wenn diese nur Cavalettis überwinden.

Was Sie brauchen Zur Gymnastizierung reichen sechs Sprungständer für einen Oxer und ein Kreuz, zur Vorbereitung auf eine Leistungsprüfung brauchen Sie mindestens acht Sprungständer für ein Kreuz, einen Steilsprung und einen Oxer sowie Fänge oder zwei weitere Ständer und ein Begrenzungsband, um die Springgasse seitlich zu begrenzen. Zusätzlich werden mindestens sechs oder acht Stangen sowie zwei weiche Schaumstoffstangen als Vorlegestangen benötigt. Ihr Zweijähriger trägt ein Halfter und Gamaschen. Von Vorteil ist ein kurzes Seil, das man beim Anführen schnell durch den Halfterring gleiten lassen kann. Eine zusätzliche Person führt die Peitsche und eine dritte Person reicht dem Pferd nach dem Sprung die Futterschüssel. Da es wichtig ist, dass das Pferd den Ablauf anfangs stressfrei kennen lernt, sind zunächst drei Leute vonnöten, später ist man nur noch zu zweit.

Wie Sie vorgehen Bei den ersten Freispringen ist es weniger wichtig, dass das Pferd Höhen springt. Wichtiger ist es, dass es den Ablauf kennen lernt und zufrieden in den Stall zurückkehrt. Legen Sie die

Auch ein niedriger Oxer schult die Koordination und kräftigt die Muskulatur!

Stangenkreuze so niedrig, dass man das Pferd zunächst im Schritt in Ruhe darüber führen kann. Am Ende der Gasse wartet die dritte Person mit der Futterschüssel. Ist das Pferd entspannt, kann es allein über die niedrigen Stangenkreuze traben und wird am Ende wieder belohnt. Für den ersten Tag reicht diese Lektion. Beim nächsten Mal wissen die Pferde bereits, was die Springgasse bedeutet und man kann den letzten Sprung zu einem kleinen Steilsprung umbauen. Ist dieser einige Male stressfrei bewältigt worden, hört man auf. Beim nächsten Mal können dann die Kreuze erhöht werden. So werden von Mal zu Mal die Anforderungen erhöht. Am Ende werden ein Kreuz, ein Steilsprung und ein Oxer von jeweils etwa 70 cm gesprungen. Mit zunehmendem Alter ist Ihr Pferd belastbarer und darf dann größere Höhen springen.

Tipp Die richtigen Abstände zwischen den Sprüngen betragen beim In-Out ca. 3,50 m, für einen Galoppsprung ca. 7 bis 7,20 m und für zwei Galoppsprünge ca. 10,30 m. Diese Richtwerte werden immer individuell dem Pferd sowie dem Trainingsziel angepasst. Um nicht jedes Mal das Maßband zu brauchen, kann man Markierungen an der Bande anbringen.

Übung 9: Kopf senken

Ziel Entspannung, Beruhigung, bringt das Pferd körperlich und psychisch in eine entspannte Haltung

Was Sie wissen müssen Im Stress werfen Pferde ihren Kopf hoch und spannen ihre Laufmuskulatur an. Ihre Atmung ist flach und hektisch. Um diese Fluchthaltung zu unterbrechen, hilft es, wenn Ihr Pferd gelernt hat, seinen Kopf auf ein Signal von Ihnen hin zu senken. Üben Sie das Kopfsenken häufig, zum Beispiel auch vor dem Antreten aus dem Halt oder während des Stillstehens. Es gibt verschiedene Signale zum Kopfsenken. Wir stellen unten fünf unterschiedliche vor. Jedes dieser Signale wird verstärkt, indem Sie bei der Anwendung hörbar tief ausatmen. Probieren Sie aus, welches Ihrem Pferd am verständlichsten ist.

Wie Sie vorgehen:

1 Streichen Sie mit der Gerte mehrmals von den Ganaschen des Pferdes über die Brust abwärts bis zu den Hufen. Oder:
2 Streichen Sie mit der flachen Hand von den Ganaschen abwärts bis zur Schulter. Sie können den Pferdehals in der Abwärtsbewegung auch massieren. Oder:
3 Kneten Sie den Mähnenkamm mit einer Hand vom Genick aus abwärts in Richtung Widerrist. Oder:
4 Zupfen Sie am Führseil abwärts, als wenn Sie das Führseil „melken" wollten. Nehmen Sie dabei selbst eine etwas gebückte Haltung ein und entspannen Sie Ihren Schulter-Nackenbereich bewusst. Sie können den Pferdekopf auch sanft hin- und herschaukeln. Oder:
5 Reichen Sie Futter aus einer Schüssel in Höhe des Buggelenks.

Flightfever senkt den Kopf nach beruhigendem Abstreichen mit der Gerte.

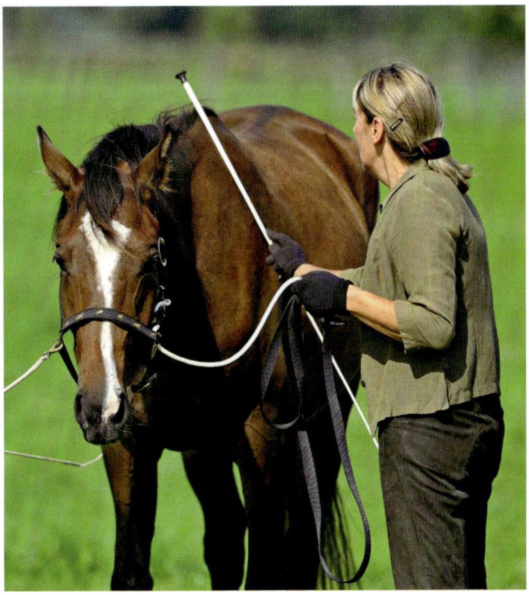

Übung 10: Beinarbeit

Ziel Als Vorübung für den Hufschmied, zur Lockerung der Muskulatur, zur besseren Koordination des Bewegungsablaufes und um das Pferd ins Gleichgewicht zu bringen

Was Sie wissen müssen Ein gut ausbalanciertes Pferd steht wie ein Tisch mit „einem Bein an jeder Ecke". Die meisten Jung- und auch viele ausgebildete Pferde verteilen ihr Gewicht jedoch ungleichmäßig. Regelmäßige Beinarbeit hilft ihnen, sich besser auszubalancieren.

Wie Sie vorgehen Stehen Sie selbst möglichst ausbalanciert und mit leicht angebeugten Knien. Massieren Sie die Beine von oben nach unten. Heben Sie dann einen Huf auf. Halten Sie das Bein an Kronrand und Fesselgelenk sicher fest. Kreisen Sie das ganze Bein etwa über der Stelle, auf der der Huf stehen würde. Ziehen Sie es nicht zur Seite und zu sich heran. Variieren Sie die Größe und die Richtung der Kreise sowie den Abstand zum Boden.

Das Kreisen soll sich leicht und mühelos anfühlen. Achten Sie darauf, dass die Bewegung aus Ihrem ganzen Körper kommt und sich in die Schulter bzw. Kruppe des Pferdes fortsetzt. Versuchen Sie am Ende, den Pferdehuf leicht und sicher auf der Hufspitze abzusetzen. Arbeiten Sie mit allen vier Beinen und achten Sie auf eventuelle Unterschiede von Bein zu Bein.

Die Beinarbeit knüpft an schon bekannte Übungen an und schult das Gleichgewicht Ihres jungen Pferdes.

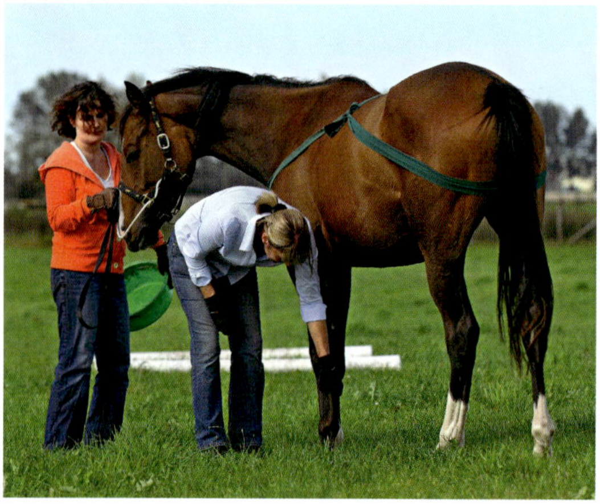

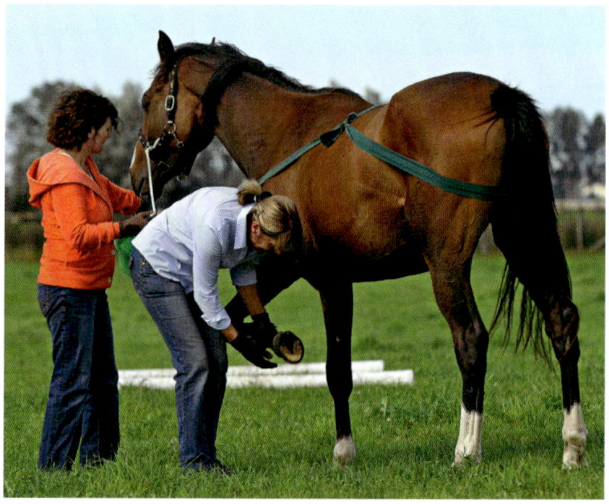

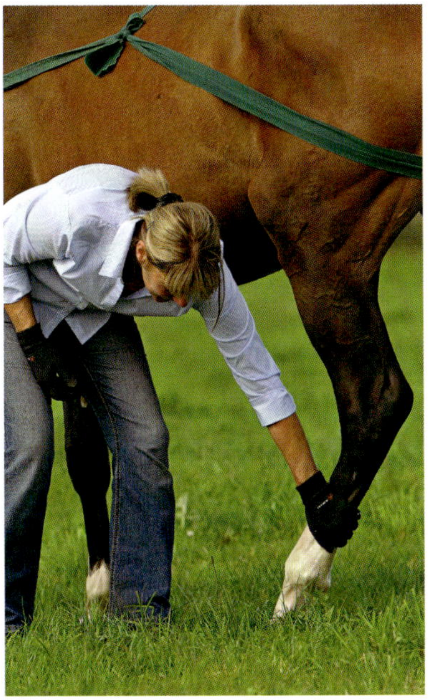

Das Kreisen der Beine und Massieren und Beklopfen von Beinen und Huf sorgt für ein gutes Körperbild und einen sicheren Stand.

Übung 11: Balanceübung

Ziel Diese Übung verbessert das Gleichgewicht Ihres Pferdes bereits vor dem Reiten, so dass es sich auch mit Reiter gut ausbalancieren kann. Die Koordination des Bewegungsapparates wird geschult und Ihr Pferd lernt, ähnlich wie beim Reiten von halben Schritten, sich auf Sie zu konzentrieren, auf kleinste Zeichen zu achten und Gewicht mit der Hinterhand aufzunehmen.

Was Sie wissen müssen Wir möchten Sie an dieser Stelle noch einmal für Bodenarbeit begeistern und Sie ermutigen, diese als Ausbildungsmethode für Ihr Jungpferd ernst zu nehmen. Wir halten Bodenarbeit für das beste Werkzeug, später einmal ein leichtrittiges und kooperatives Reitpferd unter dem Sattel zu haben.

Dehnen Sie die Übung nicht zu lang aus, da Ihre eigene Konzentration sowie die Ihres Pferdes sehr beansprucht ist und achten Sie auf Zeichen der Unkonzentriertheit.

Was Sie brauchen Bodenhindernisse, Halfter, Strick, Gerte

Schrittweise über Stern und Dreieck, entspannt und mit gesenktem Kopf.

Wie Sie vorgehen Führen Sie Ihr Pferd in der gewohnten Position zunächst zügig über verschiedene Bodenhindernisse. Ist es mit den Hindernissen vertraut, verringern Sie das Tempo, so dass Ihr Pferd so langsam und bewusst wie möglich durch und über die Hindernisse geht. Im nächsten Durchgang halten Sie Ihr Pferd auch in den Hindernissen an, streichen es mit der Gerte ab und verringern das Tempo so noch weiter. Noch anspruchsvoller ist es, Ihr Pferd auch rückwärts aus den Hindernissen heraustreten zu lassen. Eine weitere sehr anspruchsvolle Variation ist, das Pferd in der Schaukel, also z. B. drei Tritte rückwärts und drei vorwärtstreten zu lassen.

Üben Sie von beiden Seiten und genießen Sie das Zusammenspiel mit Ihrem Pferd.

Als Fluchttiere bewegen sich Pferde gern schnell, auch durch die Hindernisse. Nur jeweils einen oder zwei Schritte vorwärts zu gehen und dann anzuhalten ist eine gute Lernerfahrung für sie.

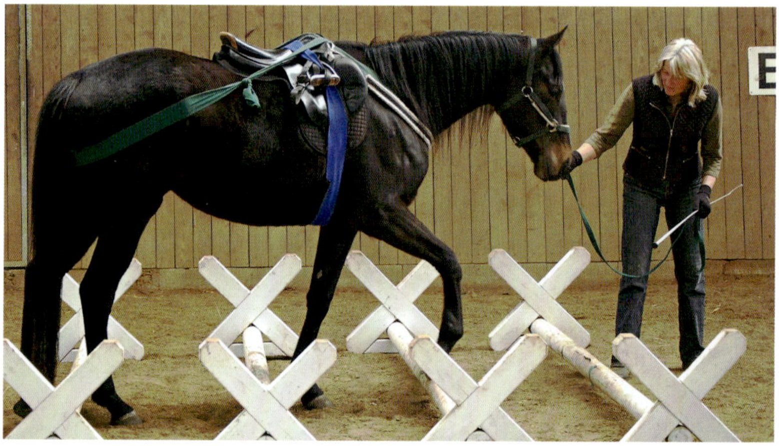

Leistungsbereitschaft und Kooperation

First Flight Spirit in einer Leistungsprüfung

Royal Spacestar: Prüfung der Grundgangarten

Raumpionier mit Elmar Lesch

First Flight Spirit mit Fabian Lipsky

Service

Übungen für jedes Alter

Fohlen	Absetzer	Jährlinge	Zweijährige	Übung	Seite
x	x	x	x	Kontaktaufnahme, Berühren	41, 81
x	x	x	x	Bewegungsfreiheit begrenzen	43
x	x	x	x	Halfter tragen	44
x	x	x	x	Hufe geben, Beinarbeit	45, 86, 150
x	x	x	x	Erstes Führen	47
x	x	x	x	Vorbereitung Anbinden	48, 83
x	x	x	x	Maularbeit/Wurmkur	49, 129
x	x	x	x	Ohren kraulen	50
x	x	x	x	Schweifregion kraulen	51
x	x	x	x	Kreisförmige TTouches	52
	x	x	x	Führübungen	78
x	x	x	x	Abstreichen mit Gerte	82
	x	x	x	Stallgasse	84
		x	x	Anhalten/Antreten	106
		x	x	Stehenbleiben	108
		x	x	Antreten	109
		x	x	Wendungen	110
		x	x	Rückwärts	111
		x	x	Plastikplanen	112
		x	x	Postament	115
		x	x	Verladen	118
			x	Festes Anbinden	133
			x	Stillstehen	135
		x	x	Führen von beiden Seiten	136
			x	Unter Gerten hindurch	137
			x	Körperbandage/Longiergurt	139
			x	Fahren vom Boden	141
			x	Schritt an der Longe	143
	x	x	x	Neue Situationen	144
			x	Frei springen	147
	x	x	x	Kopf senken	149
			x	Balanceübung	151

Quellen

Meyer-Coenen: **Pferdefütterung,** 4. erweiterte und aktualisierte Auflage, Berlin/Wien 2002

Möhlenbruch, Bottermann, Schwitte: **Beruf Pferdewirt,** Stuttgart 1999

Schäfer: **Die Sprache des Pferdes,** Stuttgart 1993

T.S. Stashak: **Adam's Lahmheit bei Pferden,** 4. Auflage, Alfeld/Hanover 1989

Tellington-Jones: **Tellington-Training für Pferde,** Stuttgart 2007

Dissertation Lena Voswinkel: **Einfluß der Bewegungsaktivität auf Wachstums- und Ausdauerparameter beim Pferd,** Christian-Albrechts-Universität zu Kiel 2009

Zum Weiterlesen

Binder, Sybille Luise: **Die Flucht der Trakehner**; KOSMOS 2019

Trakehnen im Sommer 1944. Auf dem berühmten Gestüt trifft man Vorbereitungen für die Flucht. Jesco von Esten, gerade schwer verletzt aus dem Krieg zurückgekehrt, soll eine 50-köpfige Trakehner Stutenherde nach Westen bringen. Auf dem Rücken seines Hengstes Preußenlied führt er seinen Treck bei eisiger Kälte über das gefrorene frische Haff ... Hochspannend und mit historischen Fakten schildert Sibylle Luise Binder die legendäre Flucht der Trakehner, auf der Pferde und Menschen sich gegenseitig das Leben retteten und zu einer Einheit wurden.

Gösmeier, Dr. med. vet. Ina: **Die fünf Pferdetypen in der Traditionellen Chinesischen Medizin**; KOSMOS 2019

Aus der Sicht der TCM haben Krankheiten oder Verhaltensstörungen immer einen körperlichen und einen mentalen Aspekt. Physische und psychische Probleme stehen in Verbindung zueinander. Die Traditionelle Chinesische Medizin behandelt deshalb immer ganzheitlich. In diesem Ratgeber beschreibt die renommierte Tierärztin Dr. Ina Gösmeier die fünf Pferdetypen und ihre individuelle Behandlung. Extra: TCM-Kräuter-Rezepturen, Akupressur und viele Fallbeispiele.

Higgins, Gillian: **Anatomie, Gymnastizierung, Muskelaufbau**, Die besten Übungen am Boden; KOSMOS 2017

Die Erfolgsautorin beschreibt auf ihre gewohnt anschauliche Art die besten Boden-Übungen zur Gymnastizierung und zum Muskelaufbau des Pferdes. So bleibt der Pferderücken gesund und locker. Mit klar strukturiertem Seitenaufbau, prägnanten Texten und Fotos zu jedem Übungsschritt. Extra: Anatomische Übersichten von Skelett und Muskulatur. Das Plus zum Buch: Die kostenlose KOSMOS-PLUS-App mit Filmen zu ausgewählten Übungen. Auch als E-Book erhältlich.

Katzenberger, Yvonne und Katzenberger-Schmelcher, Dr. Ruth: **Mehr Körpergefühl für mein Pferd**, Ergotherapie im Pferdetraining; KOSMOS 2020

Trittsicherheit, Balance und eine gute Koordinationsfähigkeit sind wichtige Fähigkeiten des Pferdes, die es für ein sicheres und stressfreies Leben als Reitpferd braucht. Auffälliges Verhalten oder Rittigkeitsprobleme werden oft als Ungehorsam gedeutet. In Wahrheit liegen die Ursachen meist bei einer Störung der drei Basissinne des Pferdes: Tast-/Berührungssinn, Gleichgewichtssinn oder die Tiefenwahrnehmung sind unterentwickelt und müssen gestärkt werden. Hier setzt die Pferdeergotherapie an – mit praktischen Übungen und sinnvollem Training.

Klimke, Ingrid / Klimke, Reiner: **Grundausbildung des jungen Reitpferdes,** Dressur, Springen, Gelände; KOSMOS 2019

Der Name Klimke steht für eine pferdegerechte und vielseitige Ausbildung. Die ersten Monate und Jahre unter dem Sattel legen den Grundstein für die Zukunft eines Reitpferdes. Jedes Pferd, ob es im Sport eingesetzt oder in der Freizeit geritten wird, braucht eine solide und fundierte Grundausbildung, damit es seine Aufgaben unter dem Reiter zuverlässig, motiviert und bei bester Gesundheit erfüllen kann. Kein Buch beschreibt die Grundausbildung junger Reitpferde so fundiert wie dieser Klassiker.

Lubetzki, Marc: **Im Kreis der Herde**, Von wilden Pferden lernen; KOSMOS 2019

Tierfilmer Marc Lubetzki beobachtet und filmt seit 2012 ausschließlich Wildpferde. Während der Dreharbeiten wird er selbst Teil der Herde. Wie er das Vertrauen der Tiere gewinnt, und welche Schlüsse er aus seinen einzigartigen Beobachtungen zieht, beschreibt er in diesem Buch. Es gelingt ihm, Missverständnisse wie z.B. die Leithengst-Lüge aufzuklären und dadurch neue Anregungen für die Haltung und den Umgang mit Hauspferden zu geben.

Masterson, Jim, mit Reinhold, Stefanie: **Körperarbeit für Pferde**; Locker, entspannt, gelöst mit der Masterson-Methode; Edition WuWei 2018

Jim Masterson löst mit seiner Art der Körperarbeit und Massage tiefe Verspannungen beim Pferd und bringt es in einen ganzheitlich entspannten Zustand. In vielen Detailaufnahmen werden die einzelnen Handgriffe und speziellen Anwendungsgebiete gezeigt, so dass jeder Reiter sein Pferd individuell behandeln kann. So lockern sich körperliche und seelische Spannungen, und als zusätzlicher positiver Nebeneffekt vertieft sich die Beziehung des Menschen zu seinem Pferd.

Ochsenbauer, Ute: **Heilkräuter für Pferde**; KOSMOS 2020

Kräuter wirken bei vielen Erkrankungen heilend oder lindernd. Sie unterstützen die Selbstheilungskräfte des Körpers und tragen zur schnelleren Genesung bei. In diesem übersichtlichen Ratgeber findet der Reiter konkrete Angaben, welche Heilkräuter er für das jeweilige Symptom einsetzen kann und welche Anwendungsmethode am schnellsten zum Erfolg führt.

Ochsenbauer, Ute: **Homöopathie für Pferde**, Pferdegesundheit kompakt; KOSMOS 2020

Im akuten Krankheitsfall hilft dieser Kompaktratgeber dem Pferdebesitzer bei der schnellen und sicheren Diagnose, der Wahl des passenden homöopathischen Mittels und der richtigen Verabreichung. Übersichtliche Kapiteleinteilung nach Körperbereichen, Gliederung nach Symptomen, schnelle Informationsentnahme durch tabellarischen Aufbau, ausführliche Übersicht „Homöopathische Mittel von A – Z".

Tellington-Jones, Linda mit Bobby Lieberman: **Tellington Training für Pferde**, Das große Lehr- und Praxisbuch; KOSMOS 2018

In diesem Lehr- und Praxisbuch stellen die Autorinnen neue Ausbildungswege an schwierigen und verstörten Pferden dar. Hierbei bringt sie ihre jahrzehntelange Erfahrung ein, um eine harmonische Bindung zwischen Mensch und Pferd zu schaffen.

Wild, Jenny / Claßen, Peer: **Übungsbuch Natural Horsemanship**; KOSMOS 2020

Es liegt in der Verantwortung des Menschen, dem Pferd Sicherheit und Vertrauen zu geben, so dass die gemeinsamen Unternehmungen harmonisch ablaufen können. Das Rüstzeug hierfür bietet dieses Buch: Es enthält alle grundlegenden Übungen der Kommunikation mit Seil und Halfter, erklärt, wie ich mein Pferd sicher vorwärts, rückwärts und seitwärts bewege. Ebenso das Anhalten, Richtung ändern und Hindernisse überwinden mit und ohne Seil. So lernen Mensch und Pferd, wie Klarheit beim gemeinsamen Tun zu einer tiefen Verbindung führt.

Wilsie, Sharon/Vogel, Gretchen: **Sprachkurs Pferd**, Pferdesprache lernen in 12 Schritten; KOSMOS 2018

Jedes Zucken von Ohr oder Nüster, jede Bewegung des Pferdes hat eine Bedeutung. Pferde reden mit uns, doch die meiste Zeit übersehen wir diese Signale. Mit diesem Übersetzungshelfer lernen wir, die Sprache unserer Pferde zu verstehen und uns mit ihnen so zu unterhalten, dass sie unsere Wünsche verstehen und sich verstanden fühlen.

Nützliche Adressen

Ute Ochsenbauer
Tierheilpraktikerin, Fachautorin, Pferdetraining, Reitunterricht
www.ute-ochsenbauer.de

Beate Schmidtlein
info@unisono-pferd.de

Register

Bildnachweis

124 Farbfotos wurden von Horst Streitferdt / Kosmos für dieses Buch aufgenommen.

Weitere Farbfotos von: Gaby Kärcher (1): S. 21; Stefan Lafrentz (1): S. 125; Beate Schmidtlein (63): S. 22 li., re., 23, 24 o. li., re., mi., 25, 26, 27, 29, 30, 31, 32 o. li., o. re., 35 o. re., u., 42, 47 u. li., u. re., 49 o. li., o. re., 58, 60, 61, 62, 64, 65, 68, 69, 70, 82, 84 li., re., 85 li., re., 87, 88, 89, 94/95, 100/101, 102, 104 li., re., 113 u., 118, 119 li., re., 122, 130, 131, 134 li., re., 140 o. re., u., 142, 148 li., re., 152 u., 153 o. li., re., u. li., u. re.; Horst Streitferdt (1): S. 16.

Mit 1 Farbillustration von Esther von Hacht (1): S. 11 und 1 Farbillustration von Cornelia Koller/Kosmos (1): S. 52

Impressum

Umschlaggestaltung von Claudia Adam Graphik Design unter Verwendung von einem Farbfoto von Christiane Slawik (U1) und einem Farbfoto von 123RF/ Viacheslav Nemyrivskyi (U4).

Mit 190 Farbfotos und 2 Farbillustrationen.

Gedruckt auf chlorfrei gebleichtem Papier

2., aktualisierte und überarbeitete Ausgabe

ISBN 978-3-440-16215-6
Redaktion: Alexandra Haungs
Gestaltungskonzept: eStudio Calamar
Gestaltung und Satz: Atelier Krohmer, Dettingen/Erms
Produktion: Claudia Frank
Druck und Bindung: Westermann Druck Zwickau GmbH, Zwickau
Printed in Germany / Imprimé en Allemagne

FSC® www.fsc.org MIX Papier aus verantwortungsvollen Quellen FSC® C110508